最新研究で迫る
生き物の生態図鑑

きのしたちひろ
Kinoshita Chihiro

X-Knowledge

はじめに

　はじめまして。この本の絵と文を担当した、きのしたちひろといいます。少し前まではウミガメなどの海の生き物を研究していましたが、今はイラストレーターとして活動しています。

　もともと生き物が大好きで、子どもの頃は近所で捕まえた生き物を飼ったり、生き物の図鑑をボロボロになるまで読み込んだりしていました。そして、いつの間にか大学で研究をするようになっていました。そこでまず驚いたのは、生き物について分かっていないことが想像以上に多いということです。図鑑や本にはたくさんの情報が書かれているため、生き物のことは大体わかっていると思い込んでいましたが、それはほんの一部に過ぎませんでした。私が研究していたウミガメについても、どこを回遊してどんなものを食べているのか、詳しいことはまだまだ分かっていなかったのです。そんな未知の部分を一つ一つ明らかにしていくのが、研究者を含む、生き物と向き合う人たちの仕事です。

　私自身、研究を通じてたくさんの研究者や生き物に関わる人たちと出会い、今までの常識が覆るような発見や、ゾクゾクするほど面白いアイデアに触れました。特に、生き物たちの不思議な行動の裏にある理屈を解き明かす研究（行動生態学や動物行動学など）には、心を揺さぶられました。

　しかし、生き物の生態について学ぶのは簡単ではなく、時には難しい言葉や概念を理解しなければなりません。今は動画やSNSで、かわ

いい・かっこいい・ちょっとヘンで面白い動物たちの様子が簡単に見られる時代です。それが興味を持つきっかけになるのは良いことなのかもしれないのですが、そこで興味が止まってしまうのはもったいないと感じていました。

　そこで、この本では、生き物たちの生態について、できるだけ深く、でも分かりやすく解説しようと考えました。紹介している内容は、研究者たちが発表した専門的な論文をもとにしています。生き物たちの不思議な生態の裏にある理屈は、研究者たちの優れた観察眼やひらめきで見つかったものばかりです。そのため、この本では研究が進む過程もわかるように工夫しました。さらに、ほとんどのページをイラストで構成し、難しい概念も少しでも理解しやすくなるように努めました。また、まだ解明されていない謎についても積極的に紹介しています。もしかすると、その謎を解き明かすのは、未来のあなたかもしれません。

　人間とは違う感覚や理屈で生きる生き物たちが、どんなふうに世界を見ているのか。そんな想像をしながら、生き物たちの世界を一緒に楽しんでいただけたら嬉しいです。

きのしたちひろ

CONTENTS

はじめに ………………………………… 002

1章 体の形や 仕組みのナゾ

頭が残れば心臓だって再生！ ウミウシの驚異的な能力 ………… 008
「光のもと」を盗む魚 キンメモドキのスゴイ能力 ………………… 012
図鑑の中の天空の覇者 超巨大翼竜は本当にとべたのか？ ……… 016
細菌と作る カタゾウムシの強くて硬い体 ……………………… 022
シロナガスクジラの心拍数は1分間に？回 ……………………… 026

2章 行動には 理屈がある

寄生虫に感染した子ハイエナ、命知らずに ………………………… 032
手づくり楽器で生演奏！ ヤシオウム ……………………………… 038
外来魚アメリカナマズ 省エネ泳法で生き延びる！ ……………… 042
ハチのブンブン音をまねて天敵をあざむくコウモリ ……………… 048
目印ほぼナシでも巣まで戻れるすごい海鳥のナゾ ………………… 052
アカウミガメの竜宮城は2つある！？ ……………………………… 058
海をかきみだすイワシの大群 ……………………………………… 062
ザトウクジラの歌の流行を追え！ ………………………………… 066

3章 しなやかな進化

生まれた川によって泳ぐ能力がちがうベニザケ …………………… 072
天敵ヘビがエサのトカゲの足を速くする …………………………… 076
イトヨがおしえてくれた 魚の淡水進出のカギ …………………… 080
攻めのカタツムリと守りのカタツムリ ……………………………… 084
よく食べ、よく成長するのは北のカブトムシ ……………………… 088

4章 家族や仲間やライバルと生きる

鳥だって友だちと一緒にすごしたい ……………………………… 094

ヤドカリの家を増築　新種のイソギンチャク ……………………… 098

ヒトと同じ？ 赤ちゃんに猫なで声になる母イルカ ……………… 102

メダカの恋も親密度が決め手 ……………………………………… 106

母カメムシから子カメムシへ…ヒミツのプレゼント ……………… 110

「婚活」サポート？ ボノボの母親と息子の深いつながり ……… 114

どのオスにするべきか…？ ヒメイカひみつのオス選び ………… 118

ヒトに蜜のありかを教える鳥、ミツオシエ ……………………… 122

5章 がんばるサバイバル

古代湖の頂点捕食者　バイカルアザラシの独特な生き方 ……… 130

みんなで戦う！ ミツバチの対スズメバチ大作戦 ……………… 136

虫にかじられると、かおりで主張するキャベツ ………………… 140

毛皮だけじゃない！ 極寒の海でもポカポカなラッコのヒミツ … 144

なぜ凍えない？ 極寒の深海まで潜るサメたち ………………… 148

コラム❶ 無理をするとペナルティー ……………………………… 030

コラム❷ トキソプラズマに感染した動物たち …………………… 036

コラム❸ 浮いたり沈んだり ………………………………………… 046

コラム❹ 動物たちは何をヒントに移動するのか ………………… 056

コラム❺ ハクジラとヒゲクジラの音の出し方 …………………… 070

コラム❻ 緯度とともに変わる動物の特徴 ………………………… 092

コラム❼ 人と一緒に狩りをする動物たち ………………………… 126

コラム❽ 研究をささえるフィールドワーク ……………………… 128

おわりに ……………………………………………………………… 154

索引 …………………………………………………………………… 156

参考文献 ……………………………………………………………… 158

装丁・デザイン：若井夏澄(tri)
印刷・製本：シナノ書籍印刷

この本の読み方

この本は、さまざまな生き物の面白い生態と、
その生態を明らかにした研究を紹介しています。
各ページの読み方は下のようになっています。

生き物の紹介
面白い生態が明らかになった生き物の、名前や特徴などを解説しています。

ちょっと深ぼり
生き物の特徴をより詳しく解説したり、そのほかのかかわりのある面白い生き物などを紹介したりしています。

生き物の不思議な特徴や、明らかになっていない疑問点を紹介しています。この疑問が研究のきっかけになっています。

生き物への疑問「?」への答えや、まだまだ明らかになっていない新たな疑問などを紹介しています。

実験！
生き物への疑問「?」を明らかにするため、研究者が行った実験・観察・調査を解説しています。

わかったこと①
実験・観察・調査の結果や、明らかになった生き物の生態の面白い点を紹介しています。

006

1章 体の形や仕組みのナゾ

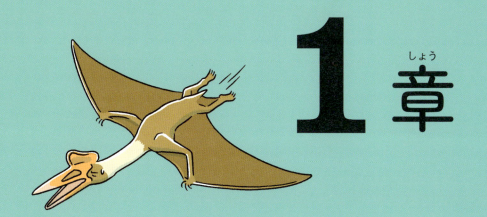
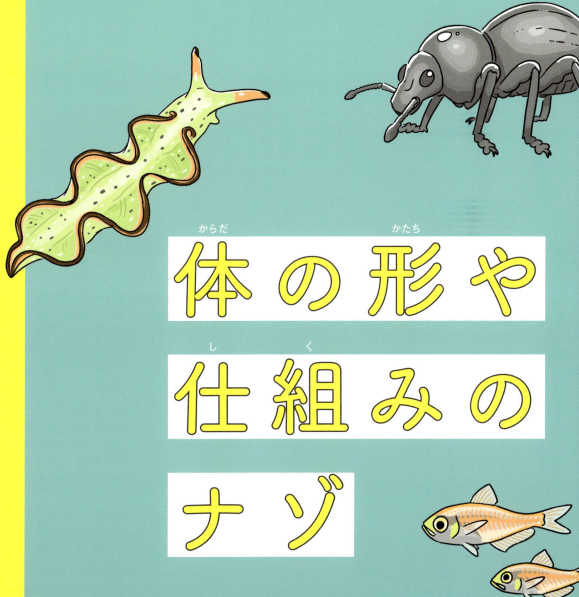

頭が残れば心臓だって再生！ ウミウシの驚異的な能力

ウミウシという生き物を知っていますか。「ウシ」とついていますが、海で暮らす巻貝の仲間です。カラフルで宝石のような体をもつものや、エサの植物から葉緑体をうばって光合成をするものなどさまざまな仲間がいます。最近、一部のウミウシが研究者を騒がす驚きの能力をもっていることが判明しました。その能力とはいったい？

食べものから葉緑体をうばう

コノハミドリガイたちの体が緑色なのは、体中にはりめぐらされた消化管の細胞に葉緑体が入っているからである。この葉緑体はエサの藻類から盗んだもので、自分の体に取り込んでから光合成をして栄養を作り出すことができるのだ。

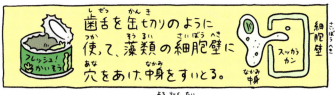

歯舌を缶切りのように使って、藻類の細胞壁に穴をあけ、中身をすいとる。

葉緑体は自分の細胞の中に取り込む

葉緑体を盗むこの現象は「盗葉緑体現象」と呼ばれる。動物界でこのスゴ技ができるのは、今のところ、コノハミドリガイをはじめとするのう舌類42種とヒラムシ類2種だけだ。

まるで光を食べる!? ウミウシたち

ミステリー ウミウシバラバラ事件

ウミウシの研究を行っていた、奈良女子大学の三藤博士。いつものようにコノハミドリガイとクロミドリガイのお世話をしていたところ、彼らの頭と体が切り離されていることに気がついた。

生きてる? 死んでる?

三藤博士 (当時は大学院生)

心臓までとれてしまっているけど無事なのか?

しかし、彼らは死んでいるワケではなかった。頭の切り口はふさがっており、エサを食べていたからだ。三藤氏はバラバラになってしまったコノハミドリガイとクロミドリガイのその後を観察してみることにした。

うまうま

残された体

メモ：コノハミドリガイを何世代にもわたって繁殖させるというスゴイ状況だったからこそ発見できたのかも

009

わかったこと 頭から体を完全に再生

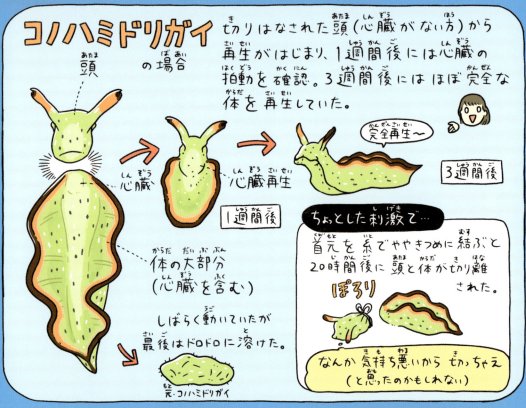

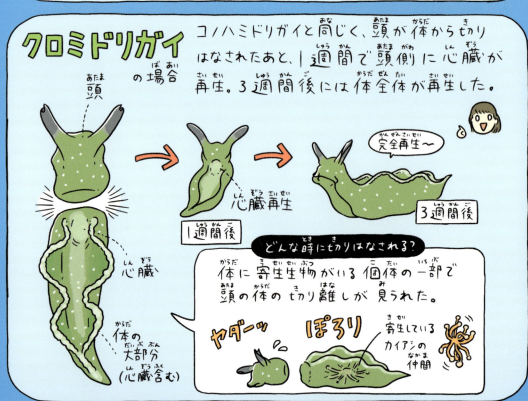

心臓を失っても完全再生できるウミウシ

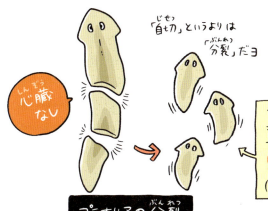

コノハミドリガイたちの頭切り離し行動（自切という）はどのくらい異端なことなのだろう？

プラナリアは、体が切り刻まれても再生することで知られるが、これは無性生殖の1つの「分裂」である。（そしてプラナリアは心臓をもたない）

心臓を持つ動物ではトカゲやカニの自切が有名だが、せいぜい体の末端を切りおとす程度である。コノハミドリガイたちのように、体の大部分を心臓ごと失っても元通りになる動物は他に確認されていないのだ。

！頭が残っていれば生きていける

「光のもと」を盗む魚 キンメモドキのスゴイ能力

ホタルやチョウチンアンコウ、キノコなど、光る生き物は地球上にたくさんいます。しかし、生き物たちがどうやって光っているのか、そのメカニズムはまだまだ不明な点が多いのです。近年、日本の近海にすむキンメモドキという魚が、驚きの方法で光のもととなる物質を獲得していることが分かりました。その方法とは何でしょう？

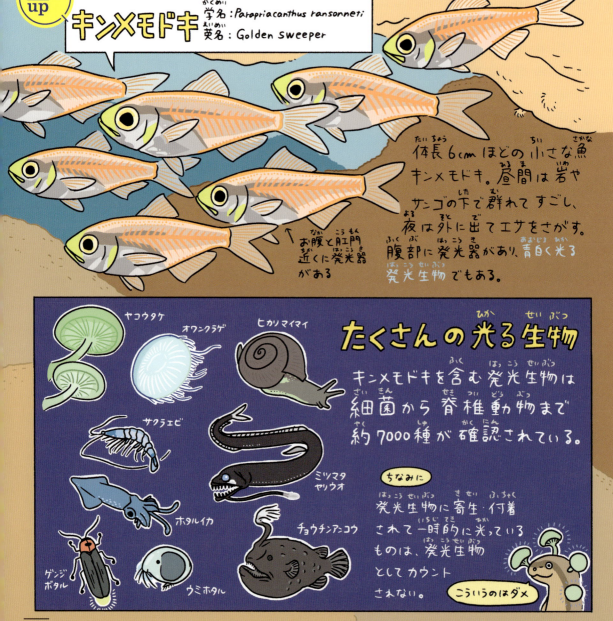

注 生物発光にはいくつかの型があり、ここでは「ルシフェリン-ルシフェラーゼ反応型」を説明しています

生物発光の仕組み

発光生物は、体の中で化学反応（酸化反応）をおこすことで光る。

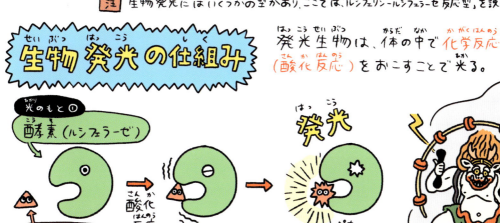

生物発光には基質（ルシフェリン）と酵素（ルシフェラーゼ）がセットで必要だ。発光する生物たちは、それぞれ特別なルシフェリンとルシフェラーゼを持っている。

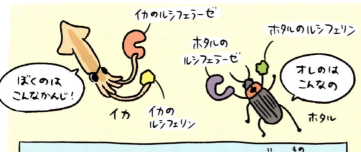

生物によってちがうルシフェリン

生物によってちがうルシフェラーゼ

ルシフェリンとルシフェラーゼは、それぞれの生き物が進化の過程で独自に作りあげてきたものなのだ

しかしあるとき…

キンメモドキからウミホタルのルシフェリンが見つかり大さわぎ

1961年、発光魚キンメモドキが持つルシフェリンが、ウミホタルのルシフェリンと同じであることが判明し、大さわぎになった。詳しく調べるとキンメモドキは、エサとして食べたウミホタルのルシフェリンを盗んで発光していることが分かった。

ウミホタルのルシフェリンをうばって使う

エサのウミホタル
キンメモドキ
青っぽく光る腹部の発光器
信じられない
びっくり

キンメモドキのルシフェラーゼはどこから？

キンメモドキのルシフェリンはウミホタル由来だと分かった。ではルシフェラーゼはどこから来ているのだろう。モントレー湾水族館研究所（当時）の別所-上原学博士は、このナゾに挑んだ。

キミは一体どこから来た？あててごらん

ルシフェリン（ウミホタル由来）

ルシフェラーゼ（？？？？？）

実験！

特殊な技術を使ってキンメモドキの腹部の発光器からルシフェラーゼを取り出すことに成功。ルシフェラーゼのアミノ酸の配列を調べてみることに。

アミノ酸の配列

ルシフェラーゼを取り出す（実はかなり難しい作業）

どの生き物由来なのか分かるんだよ

わかったこと① キンメモドキから ウミホタルのルシフェラーゼが見つかる

分析の結果、キンメモドキが持つルシフェラーゼはウミホタル由来であることが判明した。

ウミホタル由来！でした

ルシフェラーゼはとても大きいから、形や働きを保ったままキンメモドキの体内に入っていけているのは超フシギ！なんだよ

わかったこと② ウミホタルをたべないキンメモドキは光を失う

キンメモドキが、エサとして食べたウミホタルからルシフェラーゼを得ているのか確認してみたよ

ウミホタルもらえる　光る
ウミホタルもらえる　光る

ウミホタルがもらえないキンメモドキは、発光する能力を失ってしまうが…

ウミホタルもらえない　光らない

その後、ウミホタルを食べると再び発光できるようになった

🟧 「光のもと」を盗んで自分のものとして使う

キンメモドキは かつて、ウミホタルのルシフェリンを盗んで発光することで世界中をさわがせた。今回、なんとルシフェラーゼまで盗んでいることが判明し、再び人々を驚かせたのだ。

ここがスゴイ タンパク質をこわさず取り込む

ルシフェラーゼ 🟢 はタンパク質でできている。タンパク質は普通、お腹の中で消化され分解されてしまう。

お肉が胃で消化されるように

ところがキンメモドキは、タンパク質であるルシフェラーゼを壊さず体内に取り込み、自分のものとして使う驚きの能力を持っていたのである。世界で初めて見つかったこの現象は、「盗タンパク質」と名付けられた。

ちなみに…

お腹が光ると 敵から見つかりづらくなる効果があるんだ（カウンターイルミネーション）。夜に動き回るのに良さそうだね

キンメモドキが 教えてくれたスゴイ能力

キンメモドキが ウミホタルから光のもとを盗んでいたように、他の生き物の能力を盗んで利用する生き物は、実はたくさんいるのかもしれない。

キンメモドキ、次はヒトの足ほしいー
手もほしいー

015

図鑑の中の天空の覇者
超巨大翼竜は本当にとべたのか？

かつて地球にすんでいた超巨大翼竜、ケツァルコアトルス。立った時の高さはキリンほどにもなりますが、立派な翼をもち、大空を自由にとんでいたと考えられてきました。でも、本当にとべたのでしょうか。とある日本の研究者が、ケツァルコアトルスがとぶために必要な環境を計算してみることに。その結果とは？

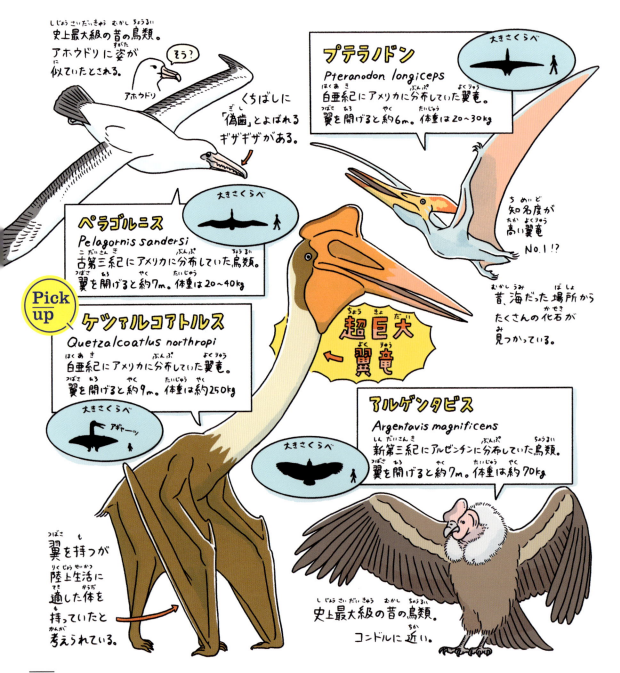

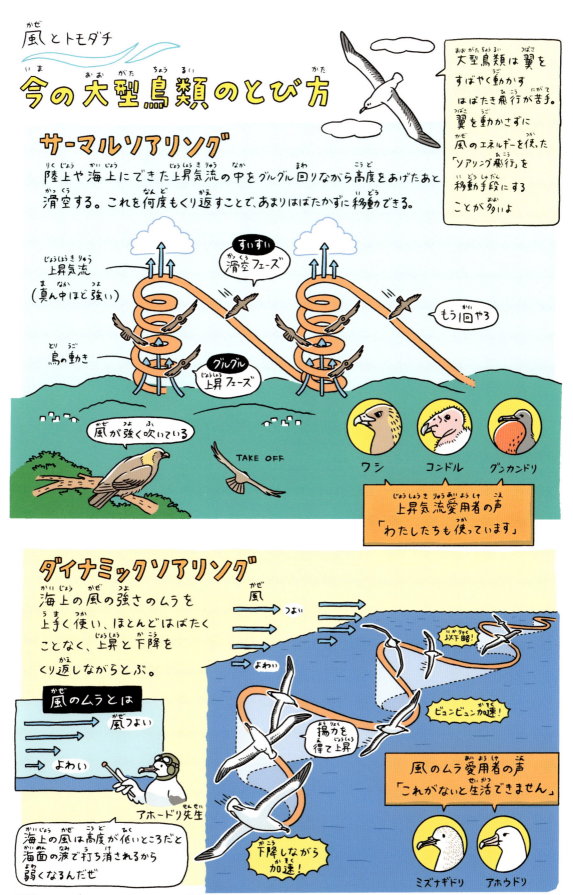

超巨大翼竜は本当にとべたのか？

実はこれまで、昔生きていた巨大な翼竜たちがどのようにとんでいたかについては十分な計算がされておらず、研究者によって意見が分かれていた。

にもかかわらず、図鑑や映画などでは大空を自由にとぶ姿が描かれている。

計算！できるかな？ サーマルソアリング

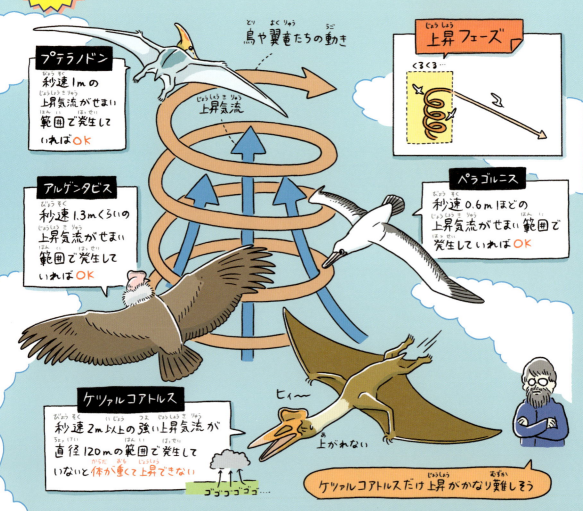

とべたかどうか計算してみる

アホードリ先生: 風を使ってはばたかずにとんでいるときの鳥や翼竜の動きはグライダーによく似ていて、「ニュートンの運動方程式」で計算できるぞ。ニュートンの運動方程式ってのは、物体の動きを説明できる式だ。物体の動きは、いくつかの力がどう働くのかによって決まるぞ

それぞれの力は体重や翼を開げた時の長さ、翼の面積なんかから計算できるぞ

名古屋大学の後藤博士: ケツァルコアトルスがとべたかどうかたしかめられるかも!?

揚力／抗力／推力／重力／いくつかの力たち

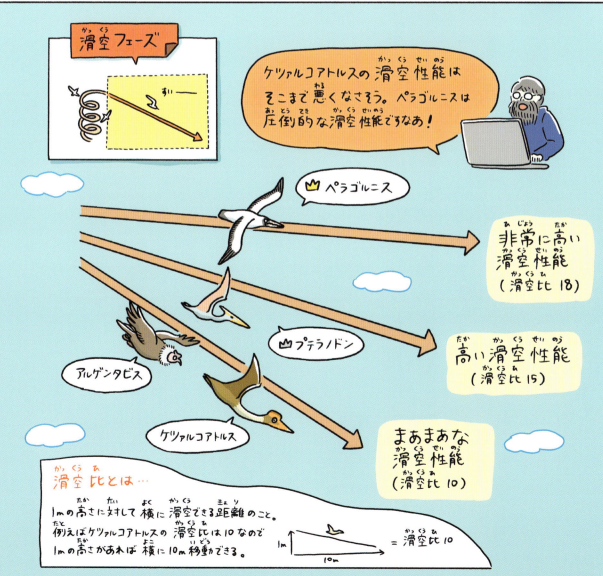

滑空フェーズ

ケツァルコアトルスの滑空性能はそこまで悪くなさそう。ペラゴルニスは圧倒的な滑空性能ですなあ！

ペラゴルニス — 非常に高い滑空性能（滑空比 18）

プテラノドン — 高い滑空性能（滑空比 15）

アルゲンタビス

ケツァルコアトルス — まあまあな滑空性能（滑空比 10）

滑空比とは…
1mの高さに対して横に滑空できる距離のこと。
例えばケツァルコアトルスの滑空比は10なので
1mの高さがあれば横に10m移動できる。 = 滑空比10

さらに計算！ できるかな？ ダイナミックソアリング

絶滅した巨大鳥類・翼竜
とびかたまとめ

アルゲンタビス
これまで考えられていたとおり、サーマルソアリングが得意だと分かった。

ペラゴルニス
ダイナミックソアリングが得意だと考えられていたが、計算した結果、サーマルソアリングの方が上手いことが分かった。

プテラノドン
議論が分かれていたが、サーマルソアリングの方が上手いことが明らかになった。

ケツァルコアトルス
サーマルソアリングやダイナミックソアリングをするには、現代の鳥に比べ、はるかに強い風や上昇気流が必要だった。

ソアリング性能がとてもわるいケツァルコアトルス

大きな翼があるにもかかわらず
ソアリングが下手なケツァルコアトルス。
何千kmもの距離をとび続けるには
非常に強い風が広い範囲で常に
吹いていなければならないのだ。

※ 過去の大気密度は現代よりも高かったという説が
ある。しかし、当時の大気密度を想定して計算しても
やっぱりケツァルコアトルスはとぶのが下手だった。

❗ ほとんどとばずに陸上中心の生活か

ケツァルコアトルスは、数分の間であれば羽ばたき飛行ができたとされている。
アフリカにすむ現生の大型鳥類、「アフリカオオノガン」のように
翼を持ちながらも陸上中心の生活を送っていたのかもしれない。

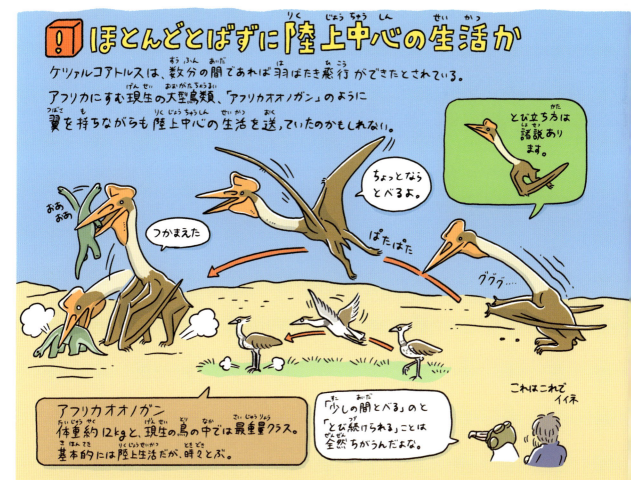

細菌と作る カタゾウムシの強くて硬い体

石垣島や西表島に生息するクロカタゾウムシ。その名のとおり、黒くて硬いゾウムシです。あまりにも体が硬すぎて、とあるマンガにも登場しているのは有名な話。でも、この硬い体は、ゾウムシだけで作っているわけではないようです。では、ゾウムシと一緒にこの体を作っている謎の存在Xとは？

Pick up

クロカタゾウムシ
学名：Pachyrhynchus infernalis
英名：Black hard weevil

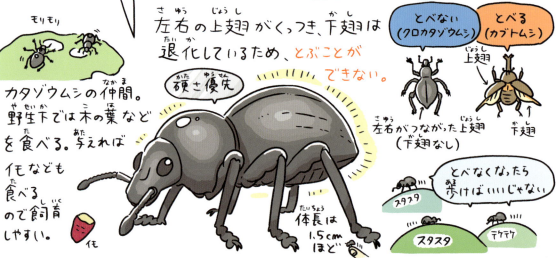

めちゃめちゃ硬い体
何層もの繊維がぎっしりと積み重なっており**とても頑丈な体（外骨格）を持つ**
他の甲虫がつぶれてしまうような強い衝撃に耐え、甲虫の中で一番硬いという説もある。

他の虫が擬態
カタゾウムシの仲間は、敵が簡単にかみくだいたり、消化できないほど体が硬い。**カミキリムシ**などの昆虫が**カタゾウムシに擬態**する例もあるほどだ。

ゾウムシの体内のナゾ細菌、ナルドネラ

ゾウムシたちの体の細胞の中には、生まれつき「ナルドネラ」という細菌がすんでいる。

ちなみに、ナルドネラはゾウムシの体の中でしか生きられない。

1億年以上前から共生

ゾウムシとナルドネラの共生関係は、およそ1億年以上も前にさかのぼると、考えられている。

ゾウムシ・ミーツ・ナルドネラ
（ゾウムシ、ナルドネラに出会う）

❓ ナルドネラはゾウムシの体内で何を？

ゾウムシとナルドネラは、ものすごく長い間共生関係にあるみたい。ところでナルドネラはゾウムシの体内で何をしているんだろう？

産業技術総合研究所の安佛博士

023

実験！ ゾウムシの共生細菌ナルドネラの はたらきを調べてみた

ナルドネラとクロカタゾウムシの遺伝子や ナルドネラの役割を調べてみたよ

わかったこと① ゾウムシの 体の硬化に関わる遺伝子が存在

ナルドネラは、ゾウムシの体（外骨格）を 硬くしたり、黒っぽい色素を生み出したり するのに必要なアミノ酸「チロシン」作りに 関わる遺伝子を持っていた。

（クロカタゾウムシ成虫）

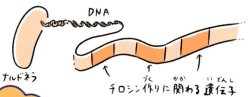

わかったこと② 硬い体はバトンタッチで作られる

実は、ナルドネラは、チロシンの「一歩手前の物質」 までしか作ることができない。

では どうしているかというと…
クロカタゾウムシは幼虫の頃に ナルドネラが作った「チロシンの一歩手前の 物質」を受け取り、それを利用して チロシンを作り上げていることが判明した。

幼虫の頃のキミの 体内ではエライ ことが起こって るんだね
スゴイ？（成虫）
チロシン工場 （ゾウムシの幼虫の体内）

ナルドネラ　バトンタッチ　チロシンの一歩手前の物質　まかせて（幼虫）　チロシン完成
←ナルドネラが担当している部分→　←ゾウムシの幼虫が担当している部分→

メモ チロシンをたくさんつくることで、クロカタゾウムシの成虫の体が硬く、黒くなるよ

わかったこと③ ナルドネラがいないとやわらかゾウムシに

クロカタゾウムシの幼虫に、特別な処理をほどこし、体の中のナルドネラの数を減らしてみた。すると…↓

🟧 ゾウムシを硬くする「チロシン工場」ができていた

これまで、自分だけでチロシンを作れる動物は見つかっていない。

しかし、クロカタゾウムシは、体内にナルドネラをすまわせ、細菌と共同で「チロシン工場」を作ることで、昆虫界一と言われるほどの硬い体を手に入れられたのだ。

025

シロナガスクジラの心拍数は1分間に？回

人の心拍数は普段、1分間に60回から100回くらい。しかし、水に潜るとあら不思議。心拍数が下がります。この反応は、専門的な言葉で「潜水徐脈」といいます。

クジラ、アザラシ、ウミガメなど肺で呼吸する動物で広くみられます。では、世界一大きいほ乳類シロナガスクジラはどのくらいまで心拍数が下がるのでしょう？

Pick up シロナガスクジラ
学名：Balaenoptera musculus
英名：Blue whale

灰色っぽい体

最大のほ乳類であり、これまでに知られている脊椎動物の中でも最大種であるシロナガスクジラ。（背骨を持つ仲間）
体長は28m、体重は100トンを超える。

デカー！
25m プールで一緒に泳ぐなんてことはできない

メモ　世界最長の動物はクダクラゲの仲間で、60メートルに達するとされている。

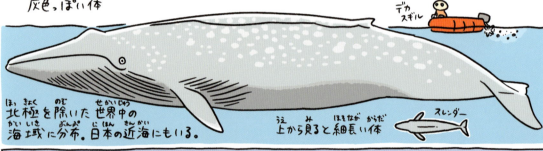

北極を除いた世界中の海域に分布。日本の近海にもいる。

上から見ると細長い体

デカスギル

スレンダー

突進してエサをまるのみ

オキアミ

❶ オキアミの群れに勢いよくつっこみ、口を大きくあけて海水ごとまるのみ。
（なんと、のみこむ水の量は自分の体積よりも多い）

カバアッ

❷ 口の中に並んだヒゲで海水をこし出す

ボフッ

海水

このエサのとり方は、かなりの体力を使うが、得られるエサの量が莫大で、超おトクなのだ。

なぜこんなに大きいの？
ここ数百万年の間に、海はオキアミなどの小さな生物が密集しやすい環境になった。シロナガスクジラのようなエサのとり方をするクジラたちにとって有利になり、大型化につながったと考えられている。

オキアミ
モリモリ
→
おっきくなっちゃった

ウップ

もういっかいやろう

超巨大な心臓

体が大きいシロナガスクジラは、心臓も超巨大だ。一部の血管は、人間の赤ちゃんがハイハイで通れるほど太い。

（背中側から見た心臓）

ほ乳類ではゾウのような体の大きな者は心臓がゆったりと動き、ネズミのような体の小さな者はすばやく動く。
最大のほ乳類、シロナガスクジラの心臓は最もゆったりと動くはずだが、調べられた人はいなかった。

できるだけ長く潜るには

クジラたちはエサとりのために1日に何度も潜水する。エサを効率よくとるには、息つぎのために水面に戻る時間を少なくし、できるだけエサのある場所に長くとどまる必要がある。
クジラたちの体には、蓄えた限りある酸素を節約して使い、潜水時間をのばす仕組みが備わっている。

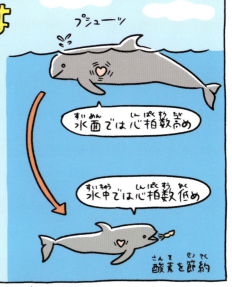

水面では心拍数高め
水中では心拍数低め
酸素を節約

メモ：マッコウクジラのように、筋肉中に大量の酸素を蓄えられるようになったグループもいる

❓ シロナガスクジラの心拍数はどのくらい？

オキアミ！

世界最大の心臓を持ち、突進しながらエサとりをするシロナガスクジラ。心臓の動きは一体どうなっているんだろう

スタンフォード大学のゴールドボーゲン博士

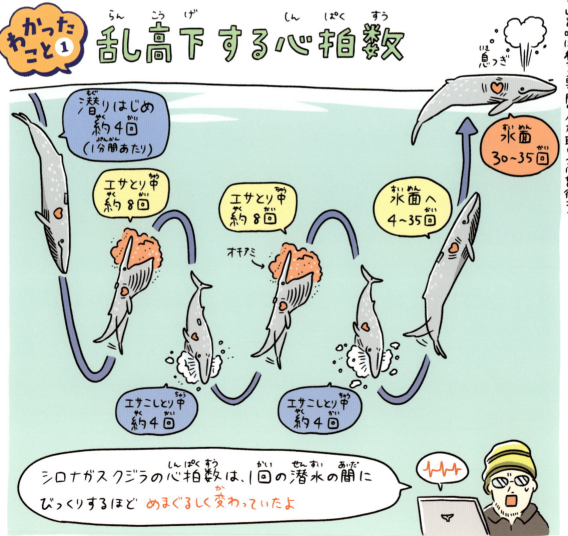

わかったこと② 1分間に2回しか拍動していないタイミングあり

1分間に2回!!

潜水中の心拍数は全体的に低かったが、計測した中で最も低い心拍数は **1分間にたったの2回だった。**

どうなってんのよ

ほ乳類では、体重から予測できる心拍数があるんだけどその値よりもうんと低かったよ

! 極端な心拍数をくりかえす

シロナガスクジラの乱高下する心拍数からは潜水やエサとりという負荷に対する、超巨大な心臓の動きを知ることができた。

【メモ】ウィンドケッセル機能と言う

心拍数が低くても血流を維持？

心臓の「大動脈弓」と呼ばれる部分はとてもやわらかく、血流量を安定させる働きがある。

心拍数が低下しても、最低限の血流量は保てるのかもしれない。

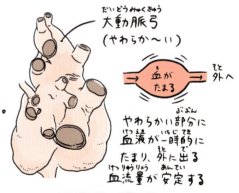

大動脈弓（やわらか〜い）

血がたまる → 外へ

やわらかい部分に血液が一時的にたまり、外に出る
血流量が安定する

やってみよう

クジラたちが潜水中に心拍数が下がるのと同じ現象は人間の体でもおこるぞ。顔を水につける前の心拍数と水につけたときの心拍数を比べてみよう。

1分間に？回　1分間に？回

何も考えず無になろう

手首

座っている時　顔を水につけた時

【メモ】水につかると心拍数が下がることを「潜水徐脈（せんすいじょみゃく）」という。いろいろな肺呼吸動物でみられる（ペンギン・アザラシ・ウミガメなど）

029

コラム1 無理をするとペナルティ〜

人間が無理をして息をこらえ続けると、頭がクラクラして呼吸が荒くなり、うまく体を動かせなくなる。
同じようなことが、息をこらえて潜る動物たちにもおこる。

潜水時間の限界が約5分とされている
ペンギンが27分も潜った時の行動をみてみると…

❶ 27分間の潜水のあと…
ザバアッ

❷ 伏せた状態から立ち上がるまでに6分
ムクリ

ヨロヨロ…

❹ 再び潜水するまでに8.4時間かかった
無理はよくない

❸ 歩きはじめるまでに20分

潜水する動物は限界を大幅に超えて潜ることができるが、しばらく動けなくなるといったペナルティーが発生する。ほどほどに潜水を切り上げて水面に戻ったほうが、動ける時間割合は増えるのだ。

メモ ペンギンがなぜ27分も潜っていたのかはナゾ。良いエサがあったのか、敵がまちぶせていたのか…!?

寄生虫に感染した子ハイエナ、命知らずに

ライオンやネコなどの、ネコ科の動物を最後の宿主とする寄生虫「トキソプラズマ」に感染すると、一部の動物は天敵に対して命知らずな行動をとるようになるといたうのです。最近の研究で、野生のブチハイエナのトキソプラズマ感染率が高いことが分かりました。果たして、感染したブチハイエナの行動は変わるのでしょうか？

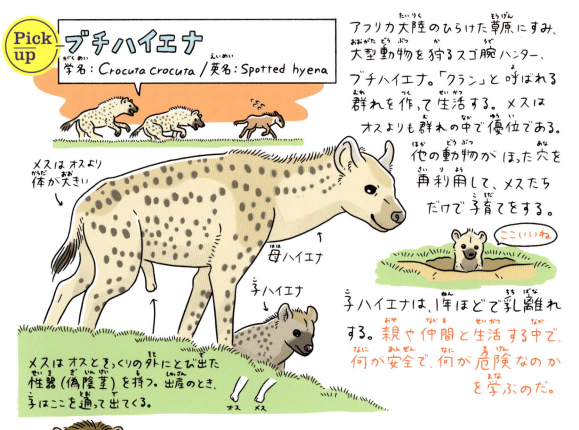

Pick up ブチハイエナ
学名：Crocuta crocuta ／ 英名：Spotted hyena

アフリカ大陸のひらけた草原にすみ、大型動物を狩るスゴ腕ハンター、ブチハイエナ。「クラン」と呼ばれる群れを作って生活する。メスはオスよりも群れの中で優位である。

他の動物がほった穴を再利用して、メスたちだけで子育てをする。

子ハイエナは、1年ほどで乳離れする。親や仲間と生活する中で、何が安全で、何が危険なのかを学ぶのだ。

メスはオスよりからだが大きい
母ハイエナ
子ハイエナ
メスはオスとそっくりの外にとび出た性器(偽陰茎)を持つ。出産のとき、子はここを通って出てくる。
オス　メス
ここいいね

こうなるぜ **ライオンに近づくな**

ブチハイエナはライオンに近づきすぎると、おそわれて大ケガをしたり、死亡したりする。ライオンの近くには食料があることも多いのだが、距離をつめすぎると殺されてしまうのだ。

ところで…
トキソプラズマ
ハイエナの多くがトキソプラズマに感染しているという。

感染すると行動が大担に

一部の動物では、トキソプラズマに感染すると行動が大担になることが知られている。ネズミの場合、天敵のネコの匂いを嗅いでも逃げなくなったり、ワナにひっかかりやすくなったりするのだ。

ハイエナの行動はどう変わる？

ブチハイエナは、まさにネコ科動物のライオンの近くにすんでいる。トキソプラズマにとっては大チャンスかもしれない。そんな状況に興味を持ったゲーリング博士は、ハイエナのトキソプラズマ感染率と行動の変化をくわしく調べてみた。

わかったこと① 大人のハイエナほど感染

いろいろな年齢のハイエナのトキソプラズマ感染率を調べてみると、年齢が上がるにつれて感染率が高くなることが分かった。

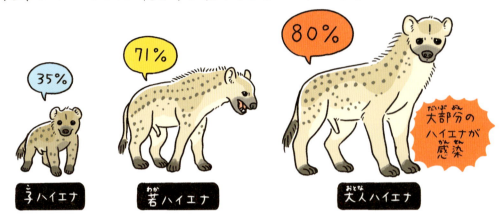

トキソプラズマに感染した動物の肉を食べることがあるから、生きている時間が長いほど、感染リスクが高くなるのかも

わかったこと② 感染した子ハイエナはライオンに近づき殺されやすい

トキソプラズマに感染した子ハイエナは、ライオンに接近し、殺されやすかった。

なんと、感染した子ハイエナの死因は**すべてライオン**だった。

年をとったハイエナは、感染してもライオンに近づかなかったんだ。ライオンは危険だってことをよーく理解しているからかもね

🗄️ トキソプラズマでハイエナの動きは変わる

トキソプラズマの感染によって、子ハイエナの行動は明らかに変わったものの…

これだけではトキソプラズマがハイエナをあやつって、ライオンに近づかせたとはまだ言えないんだ。いくつかのシナリオを考えてみたよ

あやつっているのか？偶然か？ いくつかのシナリオ

1 やっぱりあやつっている説

トキソプラズマには様々な動物の動きをあやつる能力があり、感染を拡大させている。

2 おまけの効果説

ネズミなどの動きをあやつる能力だったがなぜか他の動物の動きまで変えてしまった。

3 体の不具合説

トキソプラズマに感染することで、体に不具合がおこり結果的に行動が大胆になってしまった。

いろんなデータがあつまれば、答えが出てきそう！

コラム2 トキソプラズマに感染した動物たち

（トキソプラズマ？）

トキソプラズマはあらゆる恒温動物に感染するぞ。前のページのハイエナ以外の動物が感染するとどうなるのか!? 見てみよう。

ハイイロオオカミ トキソプラズマに感染したハイイロオオカミは、よりリスクの高い危険な行動（群れから離れる・群れのリーダーになる）をとることが多い。

「リーダーはオレさまだ」

← トキソプラズマに感染している

| マウス | トキソプラズマに感染すると、恐怖記憶に障害が生じる。 |

| 人間 | 今や世界の3分の1の人がトキソプラズマに感染しているという。「キレやすい人」はトキソプラズマの感染率が高いという報告がある。

人間の性格とも関係あるのかも

| さらに |

トキソプラズマ感染者は、そうでない人よりも、他人から魅力的だと見られる傾向があるようだ

顔がより整っている(左右対象)とのこと…

手づくり楽器で生演奏！ヤシオウム

その辺のよさそうな棒を拾って、カンカンと音を出してみると、なんかちょっと楽しくなりますよね。オーストラリアの森にすむヤシオウムも、同じことを感じているかもしれません。今のところ、自分で楽器を使って演奏する能力をもつのは、ヒトと、このヤシオウムだけです。そんなヤシオウムの、独特の音楽スタイルとは？

Pick up ヤシオウム

学名：Probosciger aterrimus
英名：Palm cockatoo

木の空洞に巣を作る

目立ちすぎている冠羽
ヤシオウムは1度出会うと忘れられないような見ためをしている。まず、まっ黒な体からとびだす巨大な冠羽だ。

鮮やかな赤いほっぺ
次に目立つのは鮮やかな赤いほっぺ。感情や体調によって色が変わるのだ。

ふさがらない口
口はあきっぱなし。突起のある大きなくちばしと、舌をうまく使い、かたいナッツや種を割ることができる。

限られた場所にすむレアオウム
ヤシオウムは、ニューギニア島とオーストラリア北部の一部だけに生息する。翼をひろげると、約1m、重さ1kgに達する巨大オウムだ。

ペアで子育て

ヤシオウムは一夫一妻。木の空洞に巣を作り、1つだけ卵を産む。子育て期間は100日ほどで、オウムの中では長い方らしい。

たくさんの木の棒がしかれた巣

私たちのベイビー

枝を集めて、ビートを刻む

ヤシオウムは見ためが個性的だが行動も変わっている。オスは枝やタネのさやを集めて、木に打ちつけ、音を出すのだ。森の中から「コンコンコン…」とリズミカルな音がしたら、ヤシオウムの仕業かもしれない。

ちょっと深ぼり 道具を使う動物たち

道具を使うのはヒトだけではない。最近では、様々なグループの動物が道具を使うことが分かっている。

エサとりのために道具を使う

動物たちの多くは、エサをとるために道具を使う。それ以外の目的で道具を使うケースは野生動物だと非常にまれなのである。

❓ ヤシオウムが作る楽器のナゾ

ヤシオウムのオスは、メスへのアピールのために道具で音を出す。これは動物全体で見ても珍しい。オーストラリア国立大学のヘインソン博士は、彼らの楽器には、それぞれのこだわりがありそうだと思った。

実験！ ヤシオウムの音楽スタイルを調べる

ヤシオウムのすむ森に入り、彼らが出す音を録音。
木をたたいたあとにすてられた楽器（枝や種のさや）を集めた。

わかったこと① ヤシオウムごとにこだわりのリズムがある

ヤシオウムはそれぞれにこだわりのリズムが
あるようで、ある者は激しく、ある者はゆったりと
枝やさやでリズムを刻んだ。

わかったこと② こだわりデザインの楽器を作る

ヤシオウムはリズムだけでなく楽器にもこだわる。ある者は長い木の枝をこよなく愛し、ある者は短い木の枝とさやを両方使った。中には、楽器なんて使わず、足ぶみをするタップダンサーもいた。

森には楽器の材料がたくさんあり、それぞれが好みの楽器をデザインして使っているようだ。

デザインは100%オリジナル!?
ヤシオウムはなわばりに入ってきたオスをすぐに追いだすため、他のオスの楽器を見て学ぶ機会がない。

つまり、完全オリジナルと言えるかも

! 楽器を作り、演奏するのはヒトとヤシオウムだけ

ヤシオウムは、それぞれにこだわりのリズム、こだわりの楽器があり、メスの前で単独ライブを行うのだ。世界には多様な生物がいるが、自作の楽器でリズムをきざむのは、今のところ、ヒトとヤシオウムだけである。

ミステリー
ヤシオウムが楽器を手作りするようになった経緯はナゾだ。限られた地域のヤシオウムしか楽器を作らないことから、とあるオスが何か（ヒトの音楽の可能性もある）を真似しはじめ、それが仲間中に広まったのかもしれない。

041

外来魚 アメリカナマズ
省エネ泳法で生き延びる！

外来魚チャネルキャットフィッシュ（通称：アメリカナマズ）。食用として北米から日本に連れてこられましたが、いつの間にか日本中の河川で見られるようになり、大問題に。しかし、日本の河川は原産国と比べて流れが速いため、どうやって新しい場所になじんでいるのかはナゾでした。とある研究者が、彼らの泳ぎ方に注目しました。

元々の分布域はカナダ・アメリカ・メキシコ。

チャネルキャットフィッシュ
学名：*Ictalurus punctatus*
英名：Channel catfish
通称「アメリカナマズ」

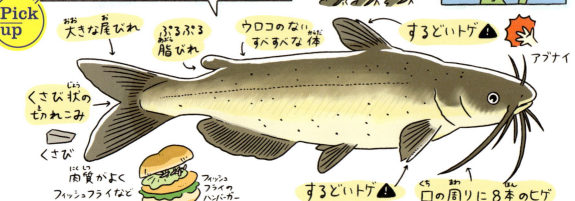

Pick up

- 大きな尾びれ
- ぷるぷる脂びれ
- ウロコのないすべすべな体
- するどいトゲ！ アブナイ
- くさび状の切れこみ
- くさび
- 肉質がよくフィッシュフライなどにするとおいしい
- フィッシュフライのハンバーガー
- するどいトゲ！
- 口の周りに8本のヒゲ

⚠ 日本の川や湖で分布拡大中 ⚠

1970年代に食用目的で日本に持ち込まれたアメリカナマズ。1980年代に野外に逃げ出したと見られる個体が見つかってから、本州の様々な水系で分布を拡げている。流れの速い河川から、ゆるやかな湖沼まで、あらゆる場所に生息しているのだ。

拡大中

ダムにもいるよ

湖にもいるよ

川にもいるよ

動物・植物 何でも食べる
なんと

原産地と日本の環境のちがい

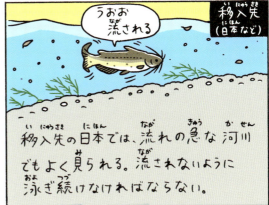

❓ 流れの速い日本の川でどう生きているのか

体の浮力に注目

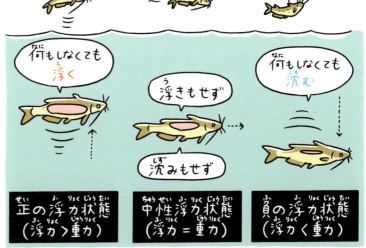

いざ実験！ アメリカナマズの浮力と泳ぎ方を湖と川で比べてみた

❶ 行動を調べる

データロガー

流れが速い川
（矢作川・利根川）

流れがゆるやかな湖
（霞ヶ浦）

捕まえたアメリカナマズにデータロガーを装着して放流しました（※）

※一部の地域では再放流は法令で禁止されていますが、特別な許可を得た上で再放流をしました。

❷ 尾びれの動きから浮力の状態を推定

もし正の浮力状態だったら…
（浮力＞重力）

浮く時…尾びれを振らない
沈む時…尾びれを激しく振る

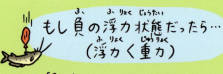

もし負の浮力状態だったら…
（浮力＜重力）

浮く時…尾びれを激しく振る
沈む時…尾びれを振らない

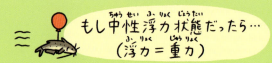

もし中性浮力状態だったら…
（浮力＝重力）

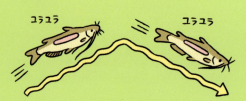

浮く時も沈む時も同じくらいゆるやかに尾びれを振る

 # 湖では沈んで、川では浮いて生活

湖での基本スタイル

負の浮力状態で水底に沈んでいる。時々浮き上がってグライド遊泳をしながら横に移動。

湖では底にすむ生き物をエサにしているので、沈んでいた方がラクなんだと思う

川での基本スタイル

中性浮力の状態で上下に幅広く移動。

流れてくるエサを食べたり、流れに逆らったりするなら、上下移動がしやすい中性浮力が一番省エネなのかも！

❗ 異国の湖でも川でもうまくやれる

コラム3 浮いたり沈んだり

動物の体は基本的に海水よりも重いため、そのままでは沈んでしまう。水中の動物たちは、体の特徴を活かし、浮力や揚力を確保している。

うきぶくろのある魚

多くの魚は体内にうきぶくろがあり、そこに気体をためて浮力を確保する。

うきぶくろ

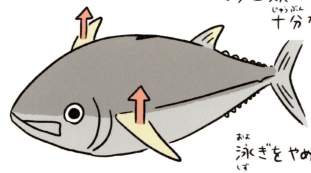

マグロ類のうきぶくろは小さく、十分な浮力が得られない。そのため、胸びれをひろげて泳ぎながら揚力を発生させている。泳ぎをやめると沈んでしまうのだ。

まっさかさま

うきぶくろのない魚

浮かぶサメ
（カグラザメなどの深海ザメ）

非常に大きな肝臓に油脂を蓄えることで体が浮く

泳ぐサメ
（イタチザメなど）

ヒレで揚力を発生させる

ハチのブンブン音をまねて天敵をあざむくコウモリ

他の動物が出す音や鳴き声を、まねしてみたことがありますか？自分ではできているつもりでも完全にコピーするのはかなり難しいです。最近の研究で、とあるコウモリが、スズメバチが出す「ブンブン」という翅の音をまねていることが判明しました。では、これにはいったいどんな効果があるのでしょう？

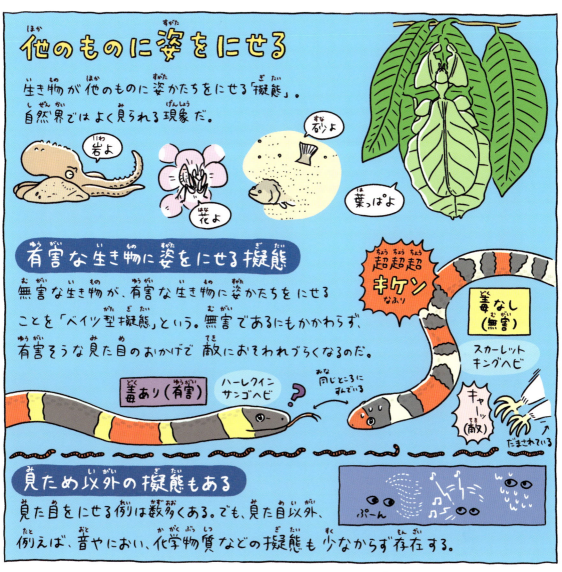

「擬態」と言えるのはどんな時？

アンシロット博士: コウモリがハチの音に擬態しているという説を、どうやったら証明できるかな？

擬態には役者が3人必要である。
1人目は擬態される者（モデル）、
2人目は擬態をする者（ミミック）、
3人目はそれに反応する者（ここでは捕食者とする）である。モデルやミミックが出した信号に反応するだれかが存在するのがポイントだ。

① 擬態される者（モデル）
② 擬態する者（ミミック）（今回の状況だと↑のような感じ）
③ 反応する者（捕食者など）

ちょっと深堀り 収斂進化は擬態ではない

他人の空似

コウモリ — 飛ぶことができる翼 — 鳥

コウモリと鳥の翼、サメとイルカの体に見られるようなまったく別のグループの生き物の姿かたちや、体のはたらきがよくにる「収斂進化」。擬態のように「モデル」「ミミック」「それに反応する者」という関係性は存在しない。

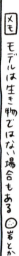
メモ モデルは生き物ではない場合もある ◎音とか

実際にコウモリとハチの音は似ているのか、そしてフクロウはどう反応するのか、調べてみた。

わかったこと① コウモリの出す音とハチの出す音はにている

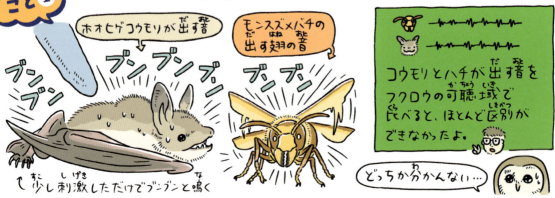

ホオヒゲコウモリが出す音 / モンスズメバチの出す翅の音

少し刺激しただけでブンブンと鳴く

コウモリとハチが出す音をフクロウの可聴域で比べると、ほとんど区別ができなかったよ。

どっちかわかんない…

わかったこと② フクロウはコウモリとハチが出す音をイヤがる

野生で育ち、ケガなどが理由で保護されたメンフクロウたちにコウモリとハチの音を聞かせてみた

「ギェェェー」（あとずさり）

メンフクロウはコウモリとハチのブンブン音に対して、音源から遠ざかり、嫌がる反応を見せた。

ブンブンブン

コウモリの通常の鳴き声には近づいていった。ホホー

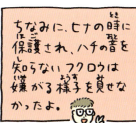

ちなみに、ヒナの時に保護され、ハチの音を知らないフクロウは嫌がる様子を見せなかったよ。

なんじゃらほい
ブンブンブン

❗ ほ乳類が昆虫の出す音に擬態する世界初の例
（コウモリ）　（ハチ）

コウモリが出す、ハチにそっくりな音はフクロウを遠ざける効果があった。
これは音の「ベイツ型擬態」と言える。
ちなみに、ほ乳類が昆虫の音をまねる世界初の例となり、人々を驚かせた。

やるね。あんたハチにおなりよ
やめとく
ハチ　コウモリ

ミステリー
コウモリは、ハチの出す音をいったいどこで学んでいるのか

しまった！
ブン　ブンブン　ブン
もう2度とおそわない

ハチ・コウモリ・フクロウは同じ場所で暮らしているから、どこかのタイミングで聞いているのかな…?

なるほどな

051

目印ナシでもほぼ巣まで戻れるすごい海鳥のナゾ

時計もなく、地図もない。そんな状況で、時間通りに目的地にたどりつける人はほぼいないでしょう。しかし、オオミズナギドリならできます。オオミズナギドリは一生のほとんどを海の上ですごす海鳥で、戻りたい時間に戻るべき場所に帰ってこられるようです。でも、いったいどんな調整をしているのでしょう。

海と陸を行ったり来たり

繁殖期のオオミズナギドリは、エサがある海と、ヒナの待つ陸（巣）とを何度も往復する。

地面に掘った穴の中でヒナを育てる。子育てはオスとメスが協力して行う。

往復1000kmを超えることも

エサを食べて巣に戻ってくるまで、時に合計1000km以上移動する。何の目印もなく風が吹き荒れる海上をとび続けるが、迷子になることなく巣に戻ってこられるのだ。

戻ってくるのは日没直後

オオミズナギドリたちが帰ってくるのは決まって日没直後だ。カラスや猛禽類が活発な時間をさけていると考えられている。

❓ 目印ナシでも巣にたどりつけるのはナゼ？

大海原を移動していても、決まった時間帯に巣に戻ってこられるオオミズナギドリ…。地図や時計がなくても、自分の居場所が分かるのかな…？

東京大学の後藤博士と塩見博士

実験！ なぜ戻ってこられるのか？ 海での様子を調べてみた

小さなGPSロガーを背中に装着
（体への負担は可能なかぎり減らしている）

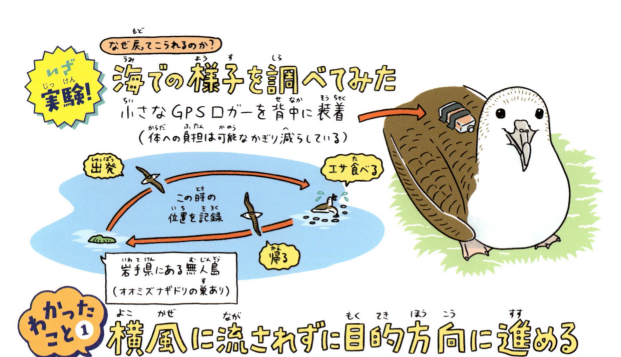

岩手県にある無人島
（オオミズナギドリの巣あり）

わかったこと① 横風に流されずに目的方向に進める

風がビュンビュン吹く海上では、オオミズナギドリの体は簡単に押し流されてしまう。けれど、彼らは押し流されても巣にたどりつけるように、とある工夫をしていることが分かった。それは、現場で吹いている横風の分だけ、体の向きをずらすというもの。これで、横風の影響を打ち消すことができるのだ。

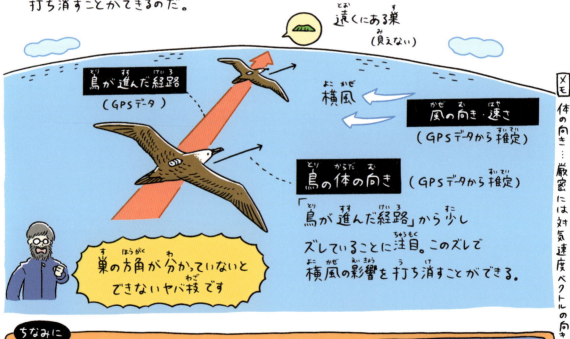

巣の方角が分かっていないとできないヤバ技です

メモ　体の向き…厳密には対気速度ベクトルの向き

ちなみに 飛行機も横風を打ち消しながら飛んでいる

飛行機の座席にあるモニターを見てみよう。機体の向きと進路がずれていることがあるが、飛行機も鳥と同じように横風の影響を打ち消しているのだ。

ヤルジャン

（座席のモニター）

わかったこと② かかる時間に合った行動をする

巣から遠い所にいるオオミズナギドリは、近くにいる時よりも早い時刻に巣に向かいはじめることが分かった。動き出すタイミングを調整することで、ちょうど日没頃に巣にたどりつけるのである。

ちょうど日没直後 ゴール(巣)

巣まで近い時 戻りはじめる時刻がおそい
ぼちぼち行くか

陸地

巣まで遠い時 戻りはじめる時刻がはやい
もう行かなきゃ

自分の居場所が分かっていないとできないことだよね

時計も地図も持っていないのにすごいなあ…

目印がほとんどない海の上でも
❗自分の居場所が分かるようだ

オオミズナギドリは、目印がほとんどない海上でも、向かうべき方角が分かっておりそこにたどりつくまでにかかる時間を知っているかのような行動をとっていた。自分の居場所をしっかりと認識できているのだろう。

小さな体に備わっている

時間や地図感覚!?

ヤーン

ミステリー 体のどの部分で場所や時間を把握しているのか!? 鳥たちの驚きの能力が発揮されるメカニズムはまだまだナゾにつつまれている。

コラム4 動物たちは何をヒントに移動するのか

フンコロガシの一種（Scarabaeus satyrus）は太陽や月の他に、天の川までヒントにしてライバルから遠く離れた場所まで、フンを運び出す。

とにかくまっすぐ進み、ライバルから距離をとろうとする

長距離移動をするチョウ、オオカバマダラは、方角を決める時、太陽の位置と地磁気をヒントにしている。

アカウミガメの竜宮城は2つある！？

おとぎ話「浦島太郎」では、太郎は砂浜で助けたカメに連れられて竜宮城へと向かいます。オスのウミガメは生涯砂浜にはあがらないので、太郎が助けたのはメスなのでしょう。ならば、メスのウミガメの行き先が分かれば、竜宮城のありかも分かるかもしれません。最新の研究成果によると、「竜宮城」は意外なところにありました。

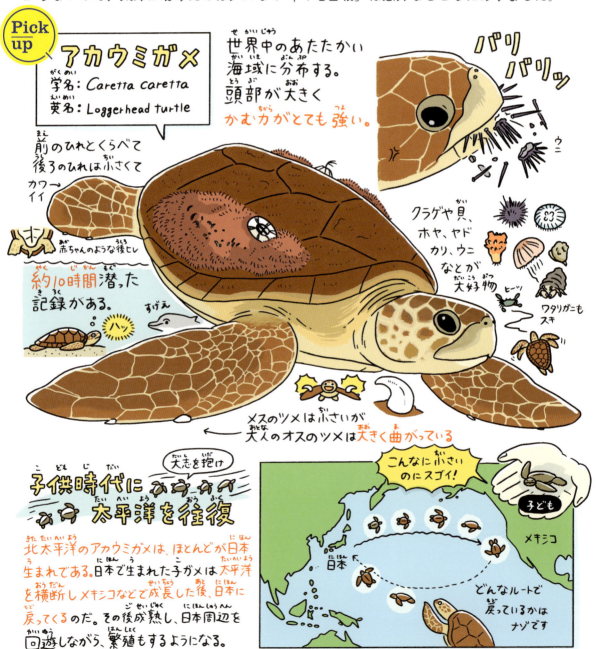

Pick up

アカウミガメ
学名：Caretta caretta
英名：Loggerhead turtle

世界中のあたたかい海域に分布する。頭部が大きくかむ力がとても強い。

バリバリッ

前のひれとくらべて後ろのひれは小さくて
カワーイイ
赤ちゃんのような後ヒレ
約10時間潜った記録がある。
すげえ
ハッ

クラゲや貝、ホヤ、ヤドカリ、ウニなどが大好物
ワタリガニもスキ

メスのツメは小さいが大人のオスのツメは大きく曲がっている

大志を抱け
子供時代に太平洋を往復

北太平洋のアカウミガメは、ほとんどが日本生まれである。日本で生まれた子ガメは太平洋を横断しメキシコなどで成長した後、日本に戻ってくるのだ。その後成熟し、日本周辺を回遊しながら、繁殖もするようになる。

こんなに小さいのにスゴイ！
子ども
メキシコ
日本
どんなルートで戻っているかはナゾです

夏はアカウミガメの産卵シーズン

アカウミガメのメスには**生まれた砂浜に戻ってくる性質**がある。
→**母浜回帰性**という

アカウミガメは、**1回の上陸で約100個の卵を産む**。2〜3ヶ月の産卵シーズン中、3〜4回ほど上陸して産卵するのである。産卵シーズンが終わると、次のシーズンまで2〜3年の間があく。

卵の大きさはピンポン球くらい

中身はトリの卵ににている

産卵シーズン中、メスのアカウミガメはエサをほとんど食べないと考えられている。つまり、**産卵する前に蓄えたエネルギーだけで**2〜3ヶ月を乗り切るのだ。

❓ 産卵後のウミガメの妙な傾向

産卵を終えたあとのアカウミガメの行き先を調べていた東京大学の畑瀬博士たち。和歌山県のみなべ町に**産卵に来たアカウミガメに、標識を付けてみると不思議な傾向がある**ことに気づいた。

標識とは？
ウミガメを識別するための番号がかかれている。
カメのマイナンバー

東京大学の畑瀬博士（当時）

標識調査によると…

冬に太平洋で見つかる大人のメスは**小さい**。

冬に東シナ海で見つかる大人のメスは**大きい**。

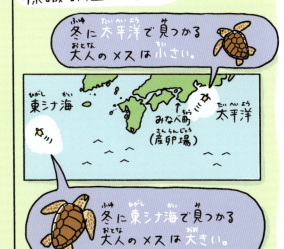

アカウミガメのメスは**体の大きさによってエサを食べる場所が違う**のかも

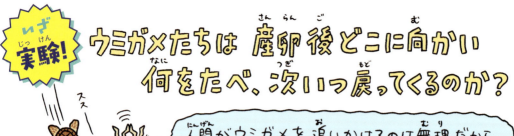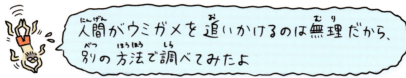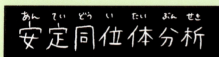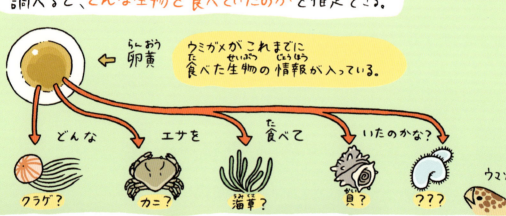

海をかきみだす イワシの大群

海の表層は、植物プランクトンが増えるために栄養をたくさん使ってしまうため、栄養が枯渇しやすくなります。なので、時々上下の海水をかきまぜなければなりません。このかきまぜ役を担っているのは、激しい風や潮流ですが、とある場所では意外なあの生き物が海をかき混ぜていることが分かりました。その生き物とはいったい？

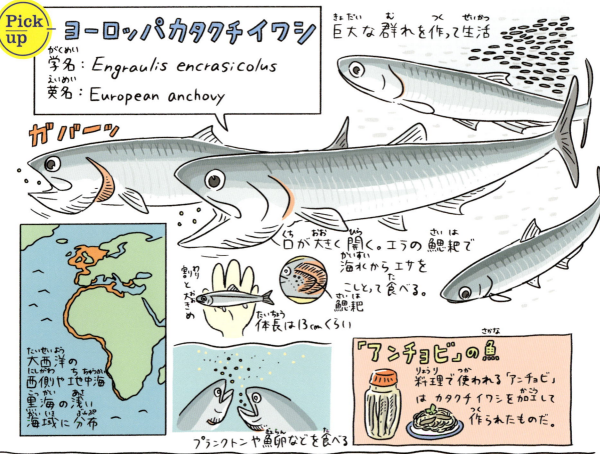

Pick up ヨーロッパカタクチイワシ
学名：Engraulis encrasicolus
英名：European anchovy

巨大な群れを作って生活

ガバーッ

口が大きく開く。エラの鰓耙で海水からエサをこしとって食べる。
鰓耙

割りと大きめ
体長は13cmくらい

大西洋の西側や地中海、黒海の浅い海域に分布

プランクトンや魚卵などを食べる

「アンチョビ」の魚
料理で使われる「アンチョビ」はカタクチイワシを加工して作られたものだ。

かきみだされる海

海の中は絶えず海水が循環している。その流れの境目ではみだれ（乱流）がたくさん発生しており、熱や塩分、栄養が、海中を移動する力のひとつになっている。

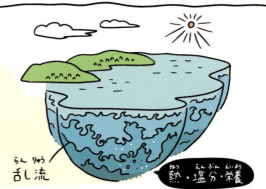

乱流

熱・塩分・栄養

生き物にとって大切な「海のかきみだし」

海の生態系の土台である植物プランクトンは、光と栄養を取り込み光合成をしながら成長し、増える。

ところが、光が届く浅い層では、植物プランクトンが栄養を取り込みつくしてしまう。植物プランクトンは死がいやフンとなって、海の深い場所へ沈んで分解され、栄養は深い層の海水中にたまる。

このままだと、光が届く浅い層の栄養が枯渇してしまうのだが、ここで登場するのが「海のかきみだし屋」である。

「海のかきみだし屋」が栄養を上にはこぶ

「海のかきみだし屋」として知られる、風や潮流。彼らが乱流を発生させると、海水が浅い層に持ちあげる力がはたらく。すると、深い所にたまった栄養も一緒に光の届く浅い層まで巻きあげられるため、植物プランクトンが再び増殖できるような環境になるのだ。

動物プランクトンや魚なども集まってにぎやかに

❓ おだやかな入り江でナゾのかきみだし発生

ある日、スペインの小さな入り江で海水の流れを調べていた研究者たちがいた。おだやかな天候が続いていたのに、海の中は毎晩強くかきまぜられていることに気がついた。

063

入り江の海水をかきみだしているのはダレ？

生き物によるかきみだしは否定されてきた

生き物が泳ぐことで、たしかに水のみだれ（乱流）は発生するものの、それが海という大きな水の塊をかきみだすほどにはならないと考えられてきた。

しかし、スペインの入り江で発生したかきみだしは風や潮流によるものとは考えづらい状況だったのだ。

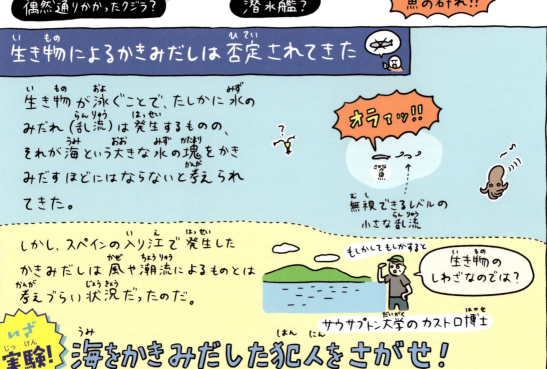

実験！ 海をかきみだした犯人をさがせ！

わかったこと① 嵐が起こった時と同じくらいのかきみだしが発生

特別な機器を使ってかきみだしが起こった時の海水の流れや水温を調べた。

おだやかな天候だったにもかかわらず、夜間、海の中は嵐が発生した時と同じぐらいのかきみだしが、何度も起こっていた。

わかったこと② 魚らしき群れとイワシの卵を発見

音波を使って大荒れ中の海の中を調べると、魚の群れらしき信号を確認。さらに、プランクトン用の網で海水をこしてみると、ヨーロッパカタクチイワシの卵がどっさりとれたのだ。

魚の群れ

卵／網

夜にとれた卵（産んだばかり）

昼にとれた卵（ちょっと成長）

産卵は夜にしているっぽいね

つまり…
カタクチイワシたちが夜な夜な行っている産卵行動で海がかきまぜられているらしい。
（イワシ本体は残念ながら採集できず）

ウオオオオオ

産卵のため興奮中のイワシたち（イメージ）

❗ 産卵中のイワシたちが海の中を嵐のごとくかきみだしている っぽい

カストロ博士たちは、これまでありえないとされていた、生き物が海の中をかきみだしていることをデータと共に明らかにした。

オォォォ〜ッ／荒い嵐／嵐もびっくり／スペインの入り江

小さな入り江だったら小魚の群れでも、嵐と同じレベルでかきみだせるのか！
ビックリ

イワシすごい！ かきみだしによって、海底に沈んだ栄養がまきあげられると、植物プランクトンが発生しやすくなるよイワシ（前ページ）。すると、海の生態系が大きく変化することだってあるんだイワシ。
かしこいイワシ

スペシャル イワシブースト

ザトウクジラの歌の流行を追え！

海の中の巨大な歌い手であるザトウクジラ。彼らは歌でメスの気を引いたり、ほかのオスに存在をアピールしたりするようです。しかし、いつも同じ歌を歌っているわけではなく、年や地域によって流行が違うことが分かりました。クジラたちの流行の最先端はどこにあるのでしょう？

Pick up ザトウクジラ
学名：Megaptera novaeangliae
英名：Humpback whale

体長は18m、体重は40tに達することも。

世界中の海に広く分布。陸からでも観察できる、身近なクジラだ。

北半球
南半球
北半球と南半球で体色がやや異なる。

尾びれの模様や体のキズで個体識別されている。

胸びれが非常に長く、体長の3分の1ほどもある。しなやかで、ふちがギザギザ。 かなりまがる

夏は極域近くでエサを食べ、冬は暖かい海域で交尾・出産する。
エサ
極域（北極や南極）
熱帯や亜熱帯

オスは歌を歌う。メスの気をひいたり、他のオスにアピールしたりするためだと考えられている。
30分以上歌うことも
メス　オス
子　まだ歌ってる

メモ　交尾・出産する海域は、ザトウクジラごとにお気に入りがあるらしい

066

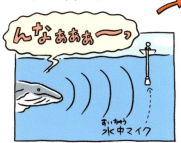

実験！ 流行りの歌を地域・年ごとに並べてみた

ガーランド博士は南太平洋の6地点で11年間に渡ってザトウクジラの歌を解析

それぞれの地域の流行の歌を年ごとに並べてみると…

わかったこと① 西から東へ伝言ゲームのように広がる歌

オーストラリア東部で流行った歌を翌年、ニューカレドニアのオスが歌い、その翌年にはトンガのオスが歌う…といったように、歌は西から東のはしこ、フランス領ポリネシアまで、くり返し広がっていた。

メモ 最初の研究では東の端っこがフランス領ポリネシアだったが、もっと東まで歌が広がっているかも？と思い端っこまで調べた

わかったこと② さらにその先へ…

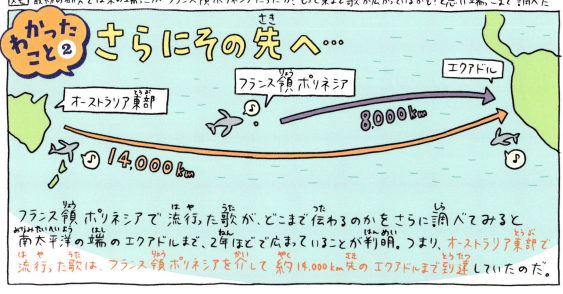

フランス領ポリネシアで流行った歌が、どこまで伝わるのかをさらに調べてみると南太平洋の端のエクアドルまで、2年ほどで広まっていることが判明。つまり、**オーストラリア東部で流行った歌は、フランス領ポリネシアを介して約14,000km先のエクアドルまで到達**していたのだ。

❗ オーストラリアからエクアドルまで！南太平洋をまたたくまに広がる歌

人間と同じように、ザトウクジラの歌にも流行りがあり、南太平洋を西から東へとものすごい速さで広がっていることが分かった。

インターネットがなくても流行りをキャッチ

人間の流行は
実物を見たり、インターネットを介して広まる

ザトウクジラの流行はインターネットを介することなく地球規模で、すごい速さで広まる（野生動物界で一番）。

ミステリー どこで歌を聞いているの？

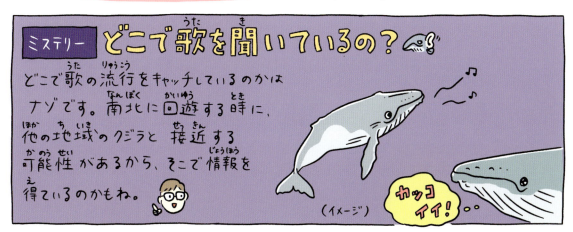

どこで歌の流行をキャッチしているのかはナゾです。南北に回遊する時に、他の地域のクジラと接近する可能性があるから、そこで情報を得ているのかもね。

（イメージ）　カッコイイ！

コラム5 ハクジラとヒゲクジラの音の出し方

歯があるクジラ ハクジラの仲間

鼻の穴近くのひだ（鼻声門）に空気を送ってふるわせ、多様な音を出す。

コミュニケーションや狩りなどに音を使う

わずかな空気があれば音を出せるため、空気が圧縮される深海でも音を使った活動ができる。

ヒゲがあるクジラ ヒゲクジラの仲間

のどにあるクッション状の組織をふるわせてとても低い音を出す。

コミュニケーションのために音を使うとされている

ヒゲクジラの限界

ヒゲクジラはのどの構造上、出せる音の幅がせまく、空気が圧縮される深海ではうまく音を出すことができないと考えられている。深海でも音を出せるハクジラとは状況が異なるのだ。

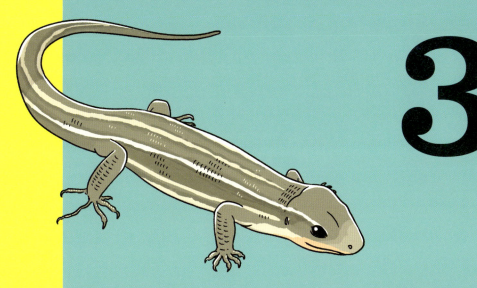

3章
しょう

しなやかな
進化
しんか

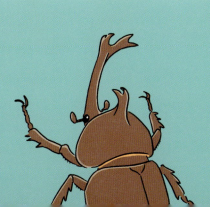

生まれた川によって泳ぐ能力がちがうベニザケ

真っ赤な体と緑の頭のサケ、ベニザケ。ベニザケは海から生まれ故郷の川に正確に戻り、卵を産みます。しかし、生まれ故郷の川までの距離が遠ければ、それだけ体への負担は大きくなるはずです。生まれ故郷が遠いベニザケは、それだけ運動能力も高いのでしょうか？カナダの研究者がこのナゾに挑みました。

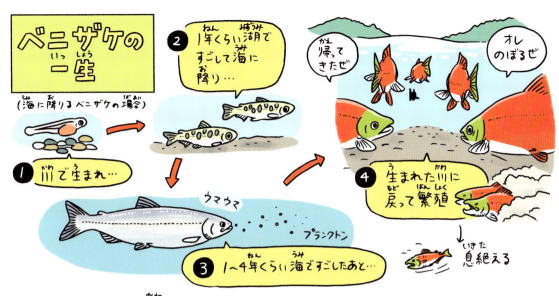

ふるさとの川に正確に戻ってくる

サケは生まれた川に戻る性質「母川回帰性」をもつ。ベニザケはその性質がサケの中で最も強い。川が複雑に分かれていても、生まれた場所（支流）まで正確に戻ってくるのだ。

❓ ふるさとによって難易度がちがうのでは？

グループによってふるさとまでの距離や川の環境は全然ちがうはず…。ふるさとが遠いベニザケは運動能力が高いのかなあ？

ブリティッシュコロンビア大学のエリアソン博士

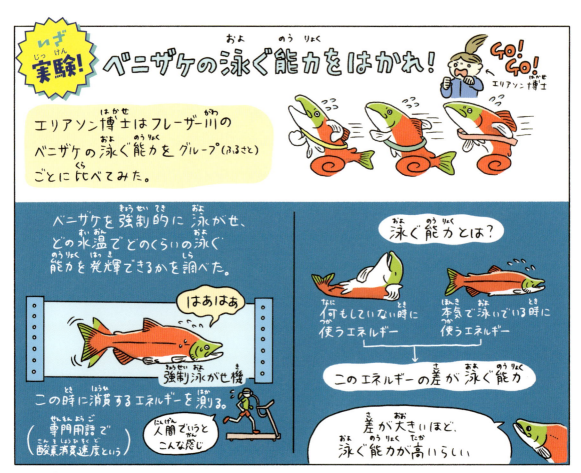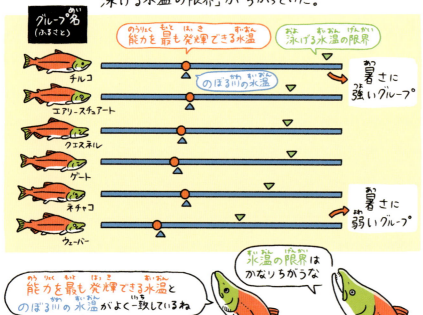

わかったこと② スタミナがちがう

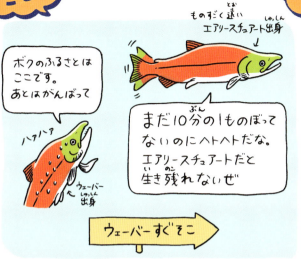

わかったこと③ 心臓がちがう

泳ぐ能力と関係のある心臓。1日にのぼる川の距離が長いグループほど心室が大きかった。

🟧 ふるさとにマッチした泳ぐ能力をもつ

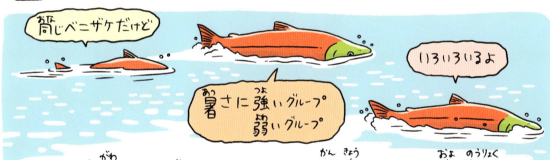

フレーザー川のベニザケたちは、ふるさとの環境にマッチした泳ぐ能力をもっていた。特に水温は彼らの泳ぐ能力を大きく左右するようだ。

そうなると気になるのは地球温暖化の影響だ。フレーザー川では、過去60年で、平均水温が1.9℃上がったという。ベニザケの中でも、特に暑さに弱いグループは、水温上昇の影響をより強く受けてしまうかもしれない。

あ…でも意外とオレたちの子孫は高水温に耐えられる、**スーパーベニザケ**になっていたりして！

その可能性もあるかもね！

天敵ヘビがエサのトカゲの足を速くする

逃げるトカゲ、追いかけるヘビ。素早く狩りを行うヘビがいる環境では、足の遅いトカゲは生き残ることはできません。トカゲが生き残るためには、足を速くしなければいけないのです。では、どんな条件だとトカゲの足が速くなるのでしょうか。日本の伊豆諸島を舞台に、トカゲの走る速さのヒミツを探ります。

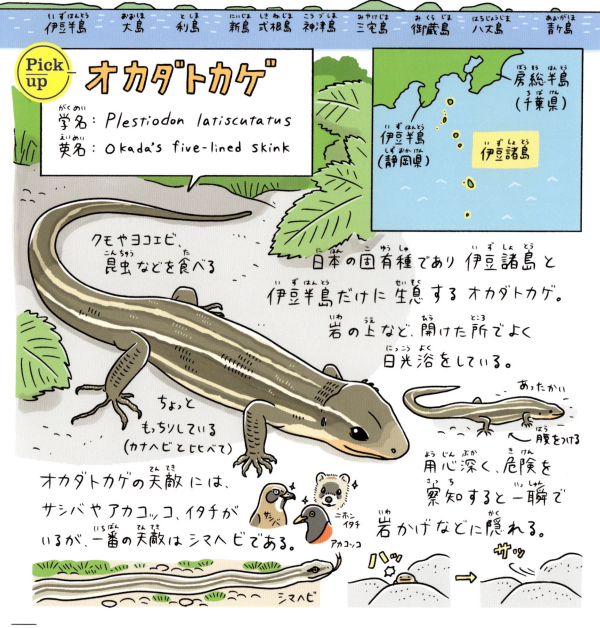

伊豆半島　大島　利島　新島　式根島　神津島　三宅島　御蔵島　八丈島　青ヶ島

Pick up オカダトカゲ
学名：Plestiodon latiscutatus
英名：Okada's five-lined skink

房総半島（千葉県）
伊豆半島（静岡県）
伊豆諸島

クモやヨコエビ、昆虫などを食べる

日本の固有種であり伊豆諸島と伊豆半島だけに生息するオカダトカゲ。岩の上など、開けた所でよく日光浴をしている。

ちょっともっちりしている（カナヘビと比べて）

あったかい　腹をつける

用心深く、危険を察知すると一瞬で岩かげなどに隠れる。

オカダトカゲの天敵には、サシバやアカコッコ、イタチがいるが、一番の天敵はシマヘビである。

サシバ　ニホンイタチ　アカコッコ

シマヘビ

ハッ　→　サッ

メモ：オカダトカゲに限らず、ほとんどのは虫類が外温動物

体をあたため、すばやく動く

オカダトカゲは、体温を調節する時の熱を体の外（日光やあたたまった岩など）からとってくる「外温動物」である。自分の好みの体温を保つために、日光浴はかかせない。

体があたたまれば、その分筋肉をはやく収縮させ、すばやく動けるようになる。天敵のシマヘビから逃れるためには、速く走れる最適な体温を保っておかなければならないのだ。

❓ 天敵ヘビのいる島・いない島でトカゲの体温は変わるか？

伊豆諸島には、シマヘビがいる島とそうでない島がある。オカダトカゲの体温は天敵のシマヘビがいる・いないで変わったりするのだろうか。

ヘビがいる島では、体温が高いと速く動けて有利そうだよね！

長谷川博士　伊藤博士　ランドリー コアン博士

1981年から40年以上に渡って伊豆諸島のオカダトカゲのモニタリング調査を続けている東邦大学のチームに香港大学と東北大学が加わり、このナゾに挑んだ。

077

いざ実験！ 天敵ヘビのいる島・いない島 それぞれの島のトカゲたちを比べてみた

島のトカゲたちの体温や形態、走る速度のデータを集めた。

御蔵島　神津島　大島
新島　利島
シマヘビがいる島

八丈小島
三宅島
いない島

① トカゲの体温

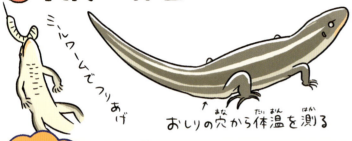
ミルワームでつりあげ
おしりの穴から体温を測る

約40年間、それぞれの島のトカゲの体温を測った。

わかったこと①　ヘビがいる島のトカゲは体温が高い

ヘビがいる島のトカゲは、いない島のトカゲより約2.9℃、体温が高く保たれていた。

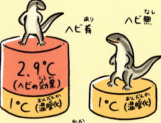
ヘビ有　ヘビ無
2.9℃（ヘビの効果）
1℃（温暖化）　1℃（温暖化）

さらに…
約40年間の気温の上昇で、ヘビのいる・いないに関わらずすべての島のトカゲの体温が約1℃上がっていたよ。

② トカゲの体温と走る速さ

ダダダダ
トカゲ用レーストラック

ヘビの速さも計測

わかったこと②　ヘビがいる島のトカゲの体温はヘビよりもギリギリ速く走れる温度だった。

メモ｜トカゲが走る速さは体温によって変わるよ

メモ｜神津島（ヘビあり）と八丈小島（ヘビなし）で比較。八丈小島のトカゲの体温ではヘビにおいつかれてしまう。

③ トカゲの脚の長さ

逃げやすさを左右する後ろ脚の長さを測り、島ごとに比べてみた。

脚が長ければ、ヘビから逃れやすい

速く走れる　尾を失いにくい

わかったこと③ ヘビがいる島のトカゲは後ろ脚が長い

シマヘビが脚の短いトカゲから食べた結果、脚の長いトカゲが生き残っているのだろうね。

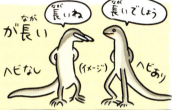

長いね　長いでしょ
ヘビなし　(イメージ)　ヘビあり

❗ ヘビ🐍の存在がトカゲ🦎の体温を押し上げ、脚を長くした

天敵のシマヘビがいる島では、オカダトカゲはヘビから逃げきれるように体温を高めに維持し、長い後ろ脚を持つようになった。**長期の観察のおかげで、リアルタイムで起こっている進化を見ることができるのだ。**

ヘビくんのおかげだよ　タッタッタッ　んなアホな

🌡️ 温暖化の効果も加わり…

トカゲの体温は、ヘビの存在だけでなく温暖化によっても上昇していた。ほんのわずかな温度の違いでトカゲが食われるかどうかが変わってしまうため、さらに気温が上がると、トカゲとヘビの絶妙な関係がくずれてしまうかもしれない。

暑すぎてうまく走れない　じゃあ食べちゃう

メモ：食う-食われるの関係がシンプルな離島はトカゲの進化を調べるのにぴったりの場所だった

イトヨがおしえてくれた魚の淡水進出のカギ

Facts 2

魚は今や、川（淡水）と海（海水）の両方に生息しています。魚の祖先は、元々海にすんでいましたが、ある特殊な能力をもったグループが、さまざまな問題を乗り越えて、淡水域である川に進出できるようになったのです。では、その能力とは？日本の研究者がその能力のカギを見つけ出しました。

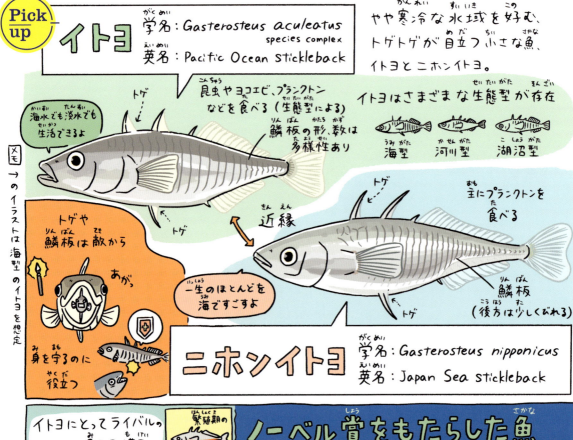

メモ　イトヨは現在でも、生態学や進化生物学の世界でスター的存在だ

淡水に進出できたイトヨ、海水にとどまるニホンイトヨ

イトヨとニホンイトヨの祖先種は元々海で暮らしていた。そのうち、イトヨは、長い年月をかけて、生息地を海から淡水域へと繰り返し移し、新しい環境に柔軟に適応した。

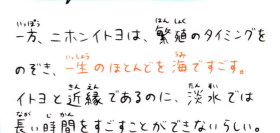

一方、ニホンイトヨは、繁殖のタイミングをのぞき、一生のほとんどを海ですごす。イトヨと近縁であるのに、淡水では長い時間をすごすことができないらしい。

淡水域で生きるメリット

魚の中には、イトヨのように元々海で暮らしていたが、淡水域に移りすむようになったものが多くいる。淡水域は、海水域に比べて、栄養は限られるものの、天敵やライバルが少ない。そんな環境にうまく適応できれば、多くの子孫を残せると考えられている。

❓ イトヨはどうやって淡水域へ？

淡水域でも生活できるイトヨと、できないニホンイトヨ。両種の間にはどんなちがいがあるのかな？

実験! まずはイトヨたちを飼育してみた

イトヨとニホンイトヨに魚のエサとしてよく用いられるブラインシュリンプを与え、淡水で飼育。

→ ほとんどのイトヨは長期間生きのびたが、ニホンイトヨは50日ほどで大半が死んでしまった。

メモ：実験では主に海型のイトヨを用いた

わかったこと① 食べ物にヒミツがあった

メモ：アクア・トトぎふの館長さんとのやりとりで発覚したとのこと

その時、石川博士はエサに含まれる栄養素に目をつけた。ニホンイトヨを長期間飼育できている水族館では、エサにDHA（ドコサヘキサエン酸）が含まれていることに気づいたからだ。

スゴイ！ エサにヒントがあったのか

DHAとは？（ドコサヘキサエン酸）

体の細胞のはたらきを正常に保つために必要な脂肪酸の1つ。
海の微生物にはDHAが多く含まれるため、それをエサにする海洋動物たちはDHAをたくさん摂取できる。

エサ変で生存率UP

DHAが含まれていないブラインシュリンプからDHA入りのエサに切り変えると、ニホンイトヨの生存率が格段に上がった。

ミステリー　でも、淡水域はDHAがとっても少ないんだよね…。淡水で生活できているイトヨは、いったいどうやってDHAを摂取しているんだろう

082

わかったこと② DHA作りに関わる遺伝子、Fads2

Fads2遺伝子の数がちがう

イトヨとニホンイトヨのゲノム配列を比べてみると、DHA作りに関わる遺伝子（Fads2）の数がちがっていた。

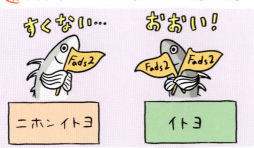

すくない… / おおい！
ニホンイトヨ / イトヨ

遺伝子が増えれば、生存率UP

Fads2遺伝子を増やしたニホンイトヨを作り出してみると、DHAを作る量が増え、生存率が高くなった。

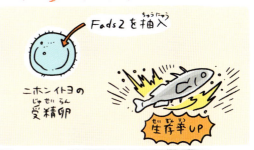

ニホンイトヨの受精卵 / Fads2を注入 / 生存率UP

イトヨはFads2遺伝子を多くもつから、DHAが少ない淡水でもうまく生きていけるのだろうね。

ほかの淡水魚もFads2遺伝子を多めにもつ

これまでにゲノムが解読されている魚を調べてみると、淡水魚は海水魚よりもFads2遺伝子の数が多いことが分かった。

淡水魚 / 海水魚

❗ 淡水生活のカギとなる遺伝子あり

遺伝子の数によって淡水に進出できるかどうかが決まることを、イトヨたちが教えてくれたのだった。

淡水域へ

いろんな分野に応用できそう

外来魚がいろんな環境で生きていけるのはなぜか？

本来の生息地ではない場所での魚の養殖

> メモ　ニホンイトヨの受精卵に遺伝子を注入すると、その遺伝子が多く発現する個体を作ることができる

> メモ　Fads2遺伝子の他にも、淡水進出に重要な遺伝子が今後見つかる可能性大とのこと

083

攻めのカタツムリと守りのカタツムリ

硬い殻をもつカタツムリ。この殻は、身をひそめて体を守るためだけのものではありません。北海道のとあるカタツムリは、刺激を与えると殻で敵を殴るタイプと、殻にこもるタイプがいるというのです。なぜ、こんな戦い方が生まれたのか？ とある研究者がこのナゾに挑みました。

Pick up エゾマイマイ 「マイマイ」とはカタツムリのこと
学名：karaftohelix (Ezohelix) gainesi
英名：──────

北海道の森林にすむエゾマイマイとヒメマイマイ。森の中に入ると、よく出会える。北海道民にとっては身近なカタツムリだ。

エゾマイマイはヒメマイマイよりも、1.5〜2倍ほど体が大きい。

- 丸っこくて大きい殻
- 長くて大きい体
- 呼吸孔
- 生殖孔
- 目はここ

カタツムリは雌雄同体

やや小さい体

ヒメマイマイは地域によって殻の色や形がちがう

ペタンコ / こんもり / ボーボー

天敵はマイマイカブリやオオルリ、オサムシなど。 ガーッ ウマイ

Pick up ヒメマイマイ
学名：karaftohelix (Ainohelix) editha
英名：──────

DNAでは区別できない

姿が異なるエゾマイマイとヒメマイマイだが、実は、DNAで区別できないほど近縁だ。これは、彼らが急速に種分化していることを示している。

祖先種 → エゾ / ヒメ （ほぼ同じ）

同じ所で同じエサを

エゾマイマイとヒメマイマイは同じような所にすみ、同じようなエサを食べている。生活スタイルが似た生物が、別種として共存する例は珍しい。

おばんです / おばんです

エゾ / ヒメ

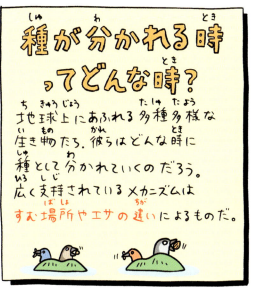

種が分かれる時ってどんな時?

地球上にあふれる多種多様な生き物たち。彼らはどんな時に種として分かれていくのだろう。
広く支持されているメカニズムは**すむ場所やエサの違いによるものだ。**

ところが近年、「食う・食われるの関係」も種の分化を引きおこすかもしれないと考えられつつある。

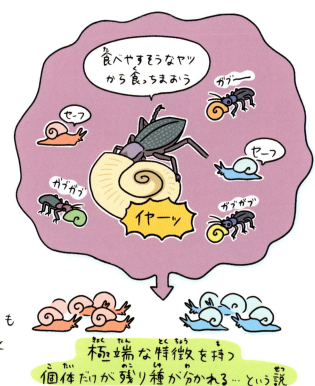

極端な特徴を持つ個体だけが残り種が分かれる…という説

❓ なぐるカタツムリのナゾ

当時、東北大学でカタツムリの研究をしていた森井博士。ある日、エゾマイマイを刺激すると殻でぶんなぐられてしまった。これには驚いたという。一方、ヒメマイマイはというと、カタツムリらしく殻に閉じこもるのであった。

とても近縁なカタツムリたちがみせたまったく異なる防御戦略。この戦略が生まれた秘密を解き明かせば、**エゾマイマイとヒメマイマイが急速に種分化したメカニズムが分かる**かもしれない、と森井博士は思った。

カタツムリ探しに行く森井博士

085

実験！ カタツムリの防御パターンを探る

森井博士は、エゾマイマイとヒメマイマイに加え、3種の近縁のカタツムリを集めて、彼らの防御パターンを調べた。

わかったこと なぐる or こもる の2パターン

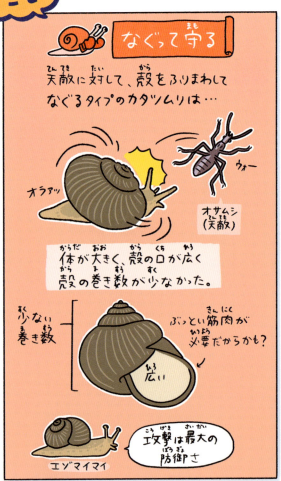

ちなみに、なぐってこもれる両刀のカタツムリはいませんでした。中途半端なのは生き残れないのでしょう。

❗ 天敵がカタツムリを多様に！？

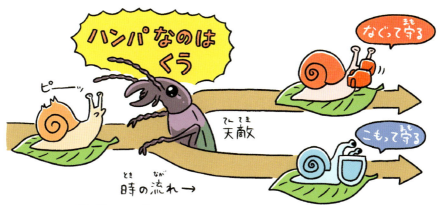

オサムシなどの天敵に対し、「なぐって守る」か「こもって守る」の戦略を見せたカタツムリたち。天敵がいることで、彼らは、どちらの戦略で生きるかという選択をせまられ、急速に姿かたちを変えて、種分化したのかもしれない。

 さらにふみこんだメカニズムは今も研究中だよ

ちょっと深ぼり 別の場所でも同じ現象！

おとなりロシアにはヒメマイマイとエゾマイマイに近縁なカタツムリがいる。森井博士たちの研究によると、なんと、ロシアのカタツムリも「なぐって守る」、「こもって守る」の戦略をもっていたのだ。

なぐるカタツムリはエゾマイマイに、こもるカタツムリはヒメマイマイに姿がとても似ているとのこと。

ちなみに天敵ロシアにも天敵オサムシがいる

場所がちがっても同じような天敵がいるなら、似た戦略、似た姿になっていくのだろうね。

よく食べ、よく成長するのは北のカブトムシ

夏の雑木林の人気者、カブトムシ。幼虫から成虫に育てあげた人も多いのではないでしょうか。日本中に分布するカブトムシですが、幼虫の育つはやさは地域によって違うらしいのです。日本の研究者によると、幼虫の育つはやさには何やら決まりがあることが判明しました。では、その決まりとは？

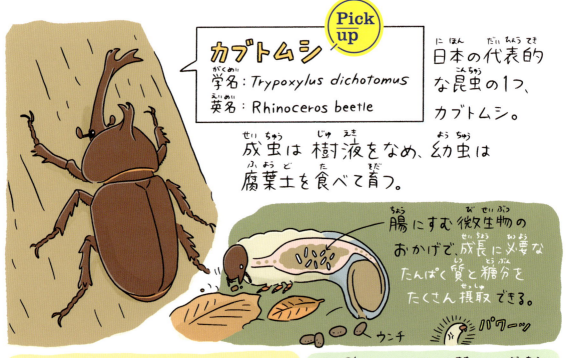

カブトムシ Pick up
学名：*Trypoxylus dichotomus*
英名：Rhinoceros beetle

日本の代表的な昆虫の1つ、カブトムシ。
成虫は樹液をなめ、幼虫は腐葉土を食べて育つ。

腸にすむ微生物のおかげで、成長に必要なたんぱく質と糖分をたくさん摂取できる。ウンチ　パワーッ

ふくらむツノ

オスの幼虫の頭には**ツノの先となる組織**が折りたたまれている。この部分がサナギになる時に一気にふくらむことでツノが形づくられるのだ。

シワシワ　約100分後　パカー　ふうせんみたい

回転しながら進む幼虫

太く、ずんぐりとしている幼虫。とても土の中を進めそうにない。しかし、幼虫は「でんぐり返し」をするように、固い土の中を器用に堀り進んでいることが最近分かった。

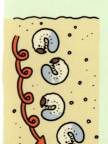

研究の世界でも日々新発見が生まれている

幼虫は夏〜秋に急成長

広い分布

カブトムシの分布域は広く、国内では北海道から沖縄、国外では台湾や朝鮮半島、中国などでも見られる。

ただし、北海道は人の持ちこみにより広がったものである。

❓ 幼虫の育つはやさがちがう？

長年、カブトムシの研究を行っている山口大学の小島博士。いろんな地域で採集した幼虫を一緒に育てていたところ、成長するはやさがまったくちがうことに気がついた。

089

実験！ 育つはやさを比べてみた

北海道から台湾までの14地域で幼虫を集め、同じ温度条件で育てた。

同じ条件で育てると幼虫が元々持つ特徴(※)を比べることができるんだよ
(※)遺伝的な形質のこと

その間、定期的に体重をはかった。

14地域の幼虫たち（一匹ずつ分けて飼育）

わかったこと① 北のカブトムシほどすばやく成長（高緯度）

① ふ化した時は同じ大きさ

② 途中の成長速度がまったく異なり…
アタシャのんびりいくよ／ナルハヤで

③ サナギになる前の最終的な大きさはだいたい同じになる。

北でとれた幼虫ほど、サナギになる前の間に急激に成長することが分かった。

ただし、一番緯度が高い北海道の幼虫は、外から持ち込まれた影響なのか、成長速度は遅めだったよ

おいついた／おいつかれた
南の幼虫／北の幼虫

わかったこと② 北のカブトムシほどよく食べよく増量する（高緯度）

なぜ北の幼虫の方が育つのがはやいのだろう？このナゾを調べるために、「エサを食べる量」や「体重への変換効率」を比べてみた。

北の幼虫ほどよく食べる

結果、北の幼虫ほどたくさん食べることが分かった。また体重への変換効率は南の幼虫だけが低かった。

北とまん中の幼虫は体重への変換効率が良い

つまり、食べたエサの分だけしっかり成長するんだ！

北は成長に使える期間が限られる

幼虫は気温が10℃を下まわるとエサが食べられなくなってしまう。そのため、北の幼虫は、限られた期間ですばやく成長する能力を獲得したのだろう。

北の幼虫：成長できるのは秋まで…実質2〜3ケ月しかないね

南の幼虫：ずっとあたたかいので冬もエサを食べて成長できるよ

カブトムシたちは、それぞれの地域でうまく生きられるように適応したみたい

ただし… 北海道の幼虫だけは今回の傾向にあてはまらなかった。50年ほど前に北海道に持ち込まれたと考えられており、まだこの地に適応できていないのかもしれない。

しばれる〜っ！

コラム6 緯度とともに変わる動物の特徴

動物の体や動きなどの特徴が緯度とともに変わる現象を「緯度クライン」と言う。

体の大きさが変わる

シカ などなど

鳥

高緯度（寒冷）な場所ほど体が大きい。

※ベルクマンクラインともいう。

動きも変わる

死んだふり

高緯度のコクヌストモドキほど死んだふりをする頻度が高く、その時間も長い。

・コクヌストモドキ：穀物を食べる甲虫であり害虫。コイン精米機コーナーによくいる

4章

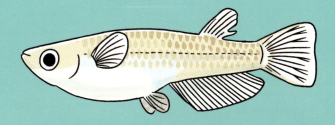

家族や
仲間や
ライバルと
生きる

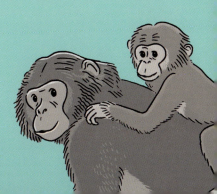

鳥だって友だちと一緒にすごしたい

仲良しのお友達と一緒にいると、なんだか安心しますよね。もしかすると、鳥も似たような感覚をもっているかもしれません。キガシラシトドという鳥は、特定の場所に強いこだわりがあることで有名ですが、こだわる動機が友達の存在かもしれないことが分かってきました。

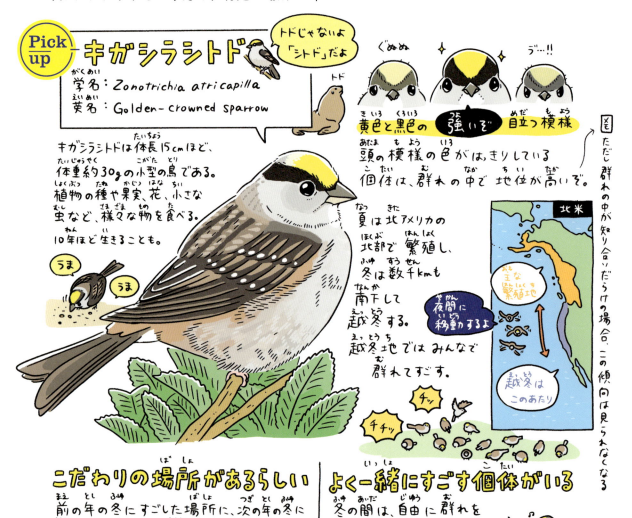

特定の場所にこだわる動物たち

動物の中には、とある地域や場所にこだわるものたちがいる。
同じ場所を使うことで、いくつかのメリットがあるようだ。

例えば鳥類では…↓

エサがどこにあるかを予想しやすいし…

しばらく離れていたパートナーとも再会しやすくなる。

❓ キガシラシトドが場所にこだわるのはナゼ?

そこがとっても良い場所だからか?
よく見知った仲間がいるからか?

ネブラスカ大学のマドセン氏

実験！ キガシラシトドの場所へのこだわり度合いを調べた

わかったこと① 年を経るごとに場所へのこだわりが強くなる

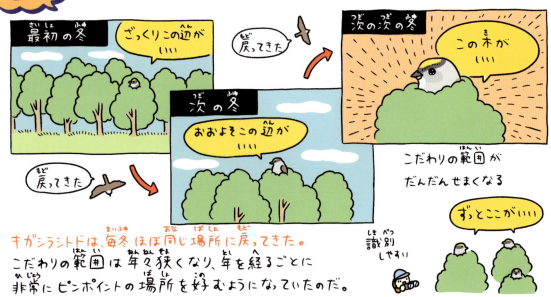

キガシラシトドは、毎冬ほぼ同じ場所に戻ってきた。こだわりの範囲は年々狭くなり、年を経るごとに非常にピンポイントの場所を好むようになっていたのだ。

わかったこと② 仲良しの個体がいなくなると、その場所へのこだわりはうすれてしまった

友達がいると、その場所へのこだわりがより一層強くなる

ミステリー
なぜ友達がいる場所にこだわるのかはよく分かっていない。エサを探しやすかったり敵から身を守りやすかったりするのかもしれない。

ヤドカリの家を増築 新種のイソギンチャク

生き物の中には、お互いに利益のある関係を築き、生活を共にする仲間が数多く見られます。とある深海にすむヤドカリは、貝殻にイソギンチャクをすまわせ、一緒に移動します。このイソギンチャク、最近新種として記載されたのですが、ヤドカリの殻に驚くべき工作をしていることが明らかになりました。その工作とは？

Pick up ???????
学名：
英名：

Pick up ジンゴロウヤドカリ
学名：Pagurodofleinia doederleini
英名：

日本周辺の深海にすむジンゴロウヤドカリ。貝殻には種不明のイソギンチャクがついていることが多い。

一緒にいるとお得

刺胞毒を持つイソギンチャクのおかげで、ヤドカリは天敵（タコなど）から身を守ることができる。一方、イソギンチャクはヤドカリからエサのおこぼれをもらったり、遠くへ移動できたりする。一緒にいると、お互いに得なのだろう。

イタイ　タコのあし　アゲル

「相利共生」というよ

ヤドカリの家にすむ生き物

ヤドカリの貝殻は、たくさんの生き物たちのすみ家でもある。例えば、ヘノジガイなどの軟体動物や、ゴカイなどの環形動物だ。なんと、これまでに550種を超える生き物がヤドカリの貝殻から見つかっている。

イソギンチャクだけじゃないよ

ヘノジガイ
ゴカイのなかま仲間

ただしヤドカリにとってメリットがあるかどうかは分からない

イソギンチャクとヤドカリには 相性がある

すべてのヤドカリとイソギンチャクとが共に生活するわけではない。
一部のヤドカリが、一部のイソギンチャクと関係を築くのだ。
ちなみに、その関係の厳密さは深海の種ほど強くなるようだ。

 ## だれかが貝殻を増築

ヤドカリとイソギンチャクの関係を調べている吉川博士。
ある日、調査船に乗って航海していた。

深海からすくいあげた生き物たちの中から、ジンゴロウヤドカリとその貝殻の上にのったイソギンチャクを発見。
貝殻をよく観察すると、何者かによって増築されていたのだ。

実験！

吉川博士は、さっそくジンゴロウヤドカリと一緒にいたイソギンチャクの、増築された部分を調べてみた。

わかったこと1 殻を増築していたのは新種のイソギンチャク

体の形やDNAを調べた結果、深海で見つかったのは新種のイソギンチャクだった。ヤドカリと共に生き、その家を作ることから、映画「ハウルの動く城」の原作小説に出てくる火の悪魔、「カルシファー」にちなんだ学名がつけられた。

新種として記載

ヒメキンカライソギンチャク
学名「Stylobates calcifer」
カルシファー
火の悪魔

こうやって殻をつぎ足す

穴　らせん状に　つぎ足し
元の貝殻　つぎ足し部分
見事だ…

● タンパク質　● ミネラル　● 砂利　などが材料

殻を作っていたのはアタシ
ヒメキンカライソギンチャク

わかったこと2 一緒にお引っ越し

ジンゴロウヤドカリは引っ越しをする時、行動を共にしたヒメキンカライソギンチャクも一緒に引っ越しさせていた。

New貝殻　古い貝殻
ヤドカリ　イソギンチャク
❶ はじめにヤドカリが引っ越し

つんつん
❷ イソギンチャクをつついて、貝殻からはがす

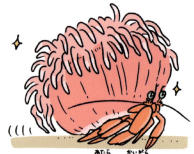
❸ イソギンチャクを新しい貝殻にのせかえて、完了！

わかったこと❸ 上から降ってくるエサを食べるらしい

ヒメキンカライソギンチャクは口が上に向いた状態でヤドカリの貝殻についていることが多かった。

深海はエサが少ないから上から降ってくるマリンスノーを食べているのかも！

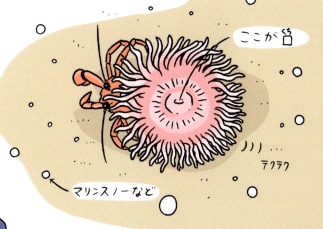

ここが口

マリンスノーなど

ノノ…テクテク

🟧 深海でむすばれたヤドカリとイソギンチャクの関係

ジンゴロウヤドカリ

ヒメキンカライソギンチャクは、他のヤドカリと共生した例がないため、ジンゴロウヤドカリととても強い関係をむすんでいるのかもしれない。貝殻を増築する理由はまだナゾにつつまれている。

ヒメキンカライソギンチャク

マリンスノー

まさに、「ハウルの動く城」のハウルとカルシファーのようにヤドカリとイソギンチャクは特別な「契約」をかわしているのかも

ヒトと同じ？赤ちゃんに猫なで声になる母イルカ

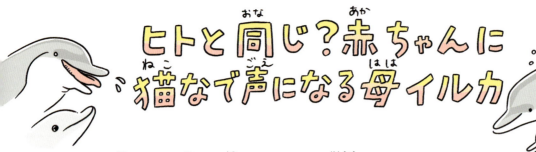

あなたは赤ちゃんに接する時、ヘンテコな高い声になっていませんか？それはあなただけでなく、世界中のあらゆる民族で共通しているらしいのです。でも、最近の研究によると、ヒトだけでなく、なんとイルカにもその傾向があることが分かりました。いったいどんな風に声が変わるのでしょう。

メモ　クリックスはエコーロケーションを行うための音

それぞれのイルカが持つ「シグネチャーホイッスル」

「ホイッスル」と呼ばれる鳴音の中でも、それぞれのイルカが持つ特別なホイッスルを「シグネチャーホイッスル」という。名前のような役割があるとされていて、一度できあがると大きく変わらないと考えられている。

こんなときに使われる

親子がはなれてしまった時や…

群れと群れが出会った時など…

唐突に全人類ミステリー 　　　　　　　　　　　　一旦、ヒトの話

赤ちゃんに話しかける時、ヒトがおかしくなる件について

あなたは赤ちゃんに話しかける時、変な猫なで声になっていないだろうか。この話し方は「マザリーズ」と呼ばれ、あなただけにとどまらず、世界中の言語・文化圏で、老若男女問わず見られるものである。

声高で抑揚のついた変な声

マザリーズは、赤ちゃんが言葉を学んだり、他の人と絆を深めたりするのに役立つと考えられている。

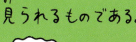

メモ　マザリーズ：「mother（母）」に「～se（語）」があわさってできた言葉

? 赤ちゃんに対して妙な話し方になるのは人間だけ じゃないかもしれない

ハンドウイルカも人間と同じように複雑な社会性を持ち、鳴音でコミュニケーションを取る動物である。

ピュ〜イ ピュイ

子イルカ
母イルカ

もしかしたら、ハンドウイルカも赤ちゃんとコミュニケーションをとる時、へんな話し方になっていたりするのかなあ…

(当時)ウッズホール海洋研究所のサイイ博士

ピュ〜イ ピュイ

いざ実験！ ハンドウイルカのだす鳴音を記録

アメリカ
フロリダ州のサランタ湾近くで生活をしているハンドウイルカたち
メキシコ
メキシコ湾
バハマ
キューバ

サランタ湾には50年以上にわたって調査が続けられている野生のイルカたちがいる。健康診断を行うために集められたイルカたちの頭に水中マイクを取りつけ、イルカたちの出す「シグネチャーホイッスル」を記録した。

ピュ〜イ ピュイ
(シグネチャーホイッスル)

頭部から音が出るからね！

水中マイク

わかったこと：母イルカは子イルカといるとき、妙なシグネチャーホイッスルを出す

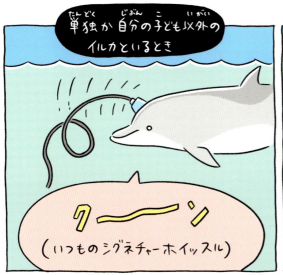

単独か自分の子ども以外のイルカといるとき

クーーン
（いつものシグネチャーホイッスル）

自分の子どもといるとき

母イルカ／子イルカ

キュイーーン
（高めで、音の範囲が広いシグネチャーホイッスルに変化する）

 おおー、ヒトと同じような音の変化だ

❗ イルカも人間と同じように子に妙な話し方をしてしまっている

そうなっちゃうんだもの

イルカもヒトと同じように、赤ちゃんに話しかけるときは、普段とは異なるやや高めの音でコミュニケーションをとっていた。これは、ほ乳類における「マザリーズ」の収れん進化と言えるだろう。

赤ちゃんに話しかける時…

声うらがえっちゃいますよねー

なんでだろ

親子の絆作りに重要そう！

ピューイ ピュイ

イルカのマザリーズにはどんなはたらきがあるのか、これから調べていきたいな

メダカの恋も親密度が決め手

童謡「めだかの学校」にあるとおり、メダカはみんなで群れて生活します。オスはまわりに多くのライバルがいる中で、意中のメスに求愛します。しかし、それを受け入れるかどうかはメス次第。では、メスはいったいどんなオスを受け入れているのでしょうか。

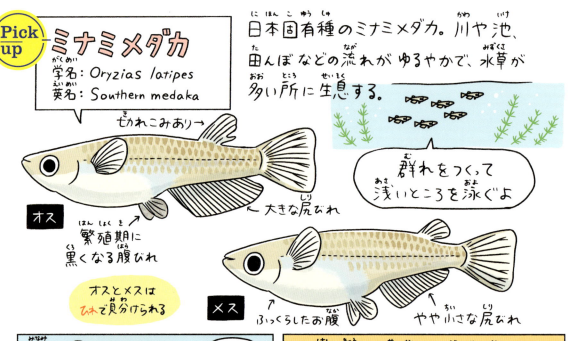

Pick up ミナミメダカ
学名：Oryzias latipes
英名：Southern medaka

日本固有種のミナミメダカ。川や池、田んぼなどの流れがゆるやかで、水草が多い所に生息する。

群れをつくって浅いところを泳ぐよ

オス
むかれこみあり→
←大きな尻びれ
↑繁殖期に黒くなる腹びれ

オスとメスはひれで見分けられる

メス
↑ふっくらしたお腹
↑やや小さな尻びれ

南の「ミナミメダカ」 北の「キタノメダカ」

分かりやすい

かつて「メダカ」とまとめられていたが今は日本海側の一部の集団を「キタノメダカ」、太平洋側と日本海の南に分布する集団を「ミナミメダカ」と分けられている。

おおよその分布

研究の世界で大活躍

メダカは飼育が簡単で1年中卵を産ませたり、とある遺伝子が働かなくなった個体を作ったりできる。研究の世界をひそかに支えている生き物なのである。

いろいろなメダカたち

メモ 世界中の研究者からメダカの注文が入る「メダカ生物遺伝資源センター」が日本にあるよ。

卵を産むのは1日1回

オスは1日に約7〜8回放精できるが、メスが卵を産めるのは1日1回（朝）だけ。オスが自分の子どもを残すには、1日1回のメスの放卵のタイミングを、確実に物にしなければならない。

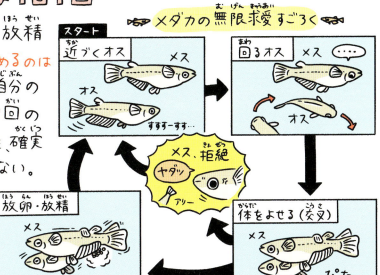

イイ感じになる前に割りこむオス

群れで生活するメダカは、恋敵も多い。オスは自分よりも弱いオスが意中のメスに接近しようものなら、すかさず間に割りこみ、ジャマをする。

割りこみ行動をするオスほど、子どもをたくさん残すことができる。

❓ 1日中メスの近くにいたがるオス

北海道大学の横井博士

メダカのオスは、メスが卵を産まない時もずっとそばにいつづけようとしているんだよね。なぜこんなにも熱心なんだろう

実験！ メダカのお見合い会場を作ってみた

わかったこと① よく見知ったオスを受け入れる

メスは、一晩お見合いをしたオスの求愛ならすぐ受け入れた。一方、知らないオスからの求愛は容赦なく拒絶するか、受け入れるまでに時間がかかった。

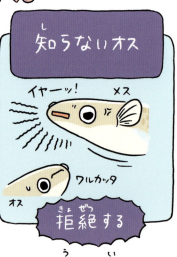

わかったこと② 弱くても親密度が高いオスなら受け入れる

ちょっと深ぼり メスはオスを顔で覚える

メスはよく見知ったオスかどうかを顔で認識し、求愛を受け入れるかどうかを決めている。試しに、オスの顔を隠すと、メスはオスを認識できなくなり、求愛を拒絶するようになるのだ。

❗ 親密度をあげるのが求愛成功への近道

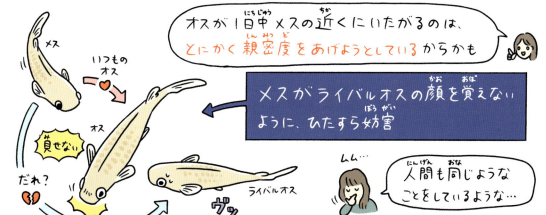

今後調べてみたいこと

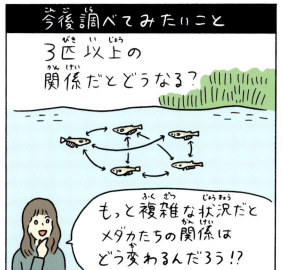

3匹以上の関係だとどうなる？

もっと複雑な状況だとメダカたちの関係はどう変わるんだろう!?

こんな応用もできるかも？

人はなぜ"嫉妬"するの!?

メダカの割りこみ行動を制御する脳内ホルモンは、人間のホルモンとよく似ている。もし同じ働きをしていれば、人間が嫉妬するメカニズムを理解することだってできるかも！

母カメムシから子カメムシへ… ヒミツのプレゼント

梅雨の時期に活発になる、赤と黒の美しい体をもつベニツチカメムシ。母カメムシは唯一のエサとなるボロボロノキの実をせっせと集め、子どもたちに与えます。でも、もっと重要なものを子どもたちにこっそりと渡しているようです。それはいったい何でしょう？

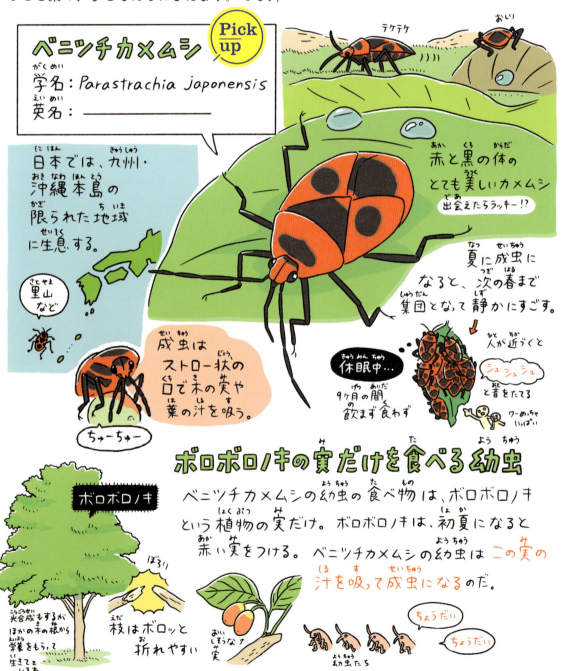

母1匹で数十匹の子を守り、育てる

土の中で子育て

6月の初め頃、ベニツチカメムシの母親は土の中に巣を作る。そこに100個ほど卵を生み、保護するのだ。

「15日以上何も食べないよ」

卵を守る母カメムシ

⚾ ボール状にまるめられた卵

せっせと木の実を運ぶ

卵からかえった幼虫のために、母親は何mも離れた所からボロボロノキの実を巣に運び入れる。

（ママーッ！）
キョロキョロ
うーん
あった
ボロボロノキの実

いそげいそげ

※ 太陽の位置や頭上の風景をヒントにしているらしい

遠くはなれた場所からでも、迷わず一直線に巣に帰ることができる

やがて幼虫を残して…

母親は、子育て中に力尽きてしまう。残された幼虫たちは、自力で食べ物を探すようになり、夏の初めには立派な成虫になる。

チウチウ
幼虫 → 成虫

次の春までおやすみ

成虫になった後は、約9ヶ月の休眠に入る。休眠中、体内に尿酸がたまっていってしまうが、体の中にいる共生細菌が、有害な尿酸を無害なアミノ酸へと変えてくれるのだ。

休眠中

「共生細菌が有害な尿酸を無害なアミノ酸に」

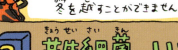

ちなみにこの細菌がいないと冬を越すことができません

❓ 共生細菌、いつから共生していたの？

ベニツチカメムシが生きていくのに必要な共生細菌。どのタイミングでカメムシの体内に入ったのかな？

産業技術総合研究所（当時）の細川博士

実験！ カメムシの産卵からふ化に注目！

どのタイミングで共生細菌をゲットするのか!?
産卵行動をよーく調べてみた。

わかったこと① 母カメムシ、産んだ卵に共生細菌をかける

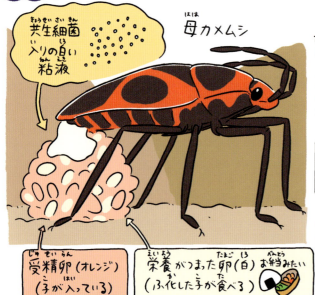

ベニツチカメムシの母親は卵がふ化する45分ほど前におしりから**共生細菌入りの白い粘液**を出し、卵にかける。

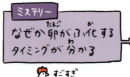

ミステリー
なぜか卵がふ化するタイミングが分かる

母に粘液をかけられなかった子供たちは共生細菌を持っていなかったよ。

わかったこと② 母カメムシ、卵をゆすってふ化を促す

粘液をかぶせたあと、母カメムシは**ブルブルと体をゆらして卵に振動を与える**。すると、それに応じるように卵が次々とふ化して子カメムシが出てくるのだ。

子カメムシたちは、母カメムシがかけた共生細菌入りの粘液を、すぐに飲みはじめる。

子カメムシはここで**体の中に共生細菌を宿すようになる**みたい。

112

わかったこと③ 共生細菌がいない子は大きくなりにくい

体内に共生細菌がいない幼虫は共生細菌がいる幼虫と比べて成虫になった時のサイズが小さかった。

共生細菌あり

ちょっと小さい
なぜ
共生細菌なし

細菌パワー
しょんぼり

共生細菌がいなくても、成虫にはなれるんだけど、大きく成長するための何かが足りなくなるようだ

そして越冬もできないみたい

もうだめだ

!ふ化直前に母から共生細菌をもらう

ここまでの研究で、ベニツチカメムシの母親は、子の成長や休眠に重要な共生細菌を、卵のふ化直前という極めて限られたタイミングで渡していることが分かった。

たーんとお食べ
必ずお食べ
残さずお食べ
チュー チュー

ちょっとでもタイミングがずれるとうまく渡せないのかもしれない。

はやすぎた
おそすぎた
ギャーッ

実はたくさんいる!? 共生細菌を子供に渡す 母カメムシの会

共生細菌 みんなはいつ渡すの？

私は結構前だよー

私も卵産んだ時かなー

私はふ化直前に卵にかけちゃうよ
ベニツチカメムシ

卵産んだ時に装菌にぬっちゃうの
ミツボシツチカメムシ

カプセルに入れて横においとく！
マルカメムシ

113

「婚活」サポート？ボノボの母親と息子の深いつながり

チンパンジーとよく似ているけれど、まったく異なる社会性をもつボノボ。ボノボの母と息子は一緒にいることが多く、その関係は一生続きます。でも息子は、母親と一緒にいることで、何か良いことがあるのでしょうか。ボノボのすむ森に入った研究者たちが、このナゾを明らかにしました。

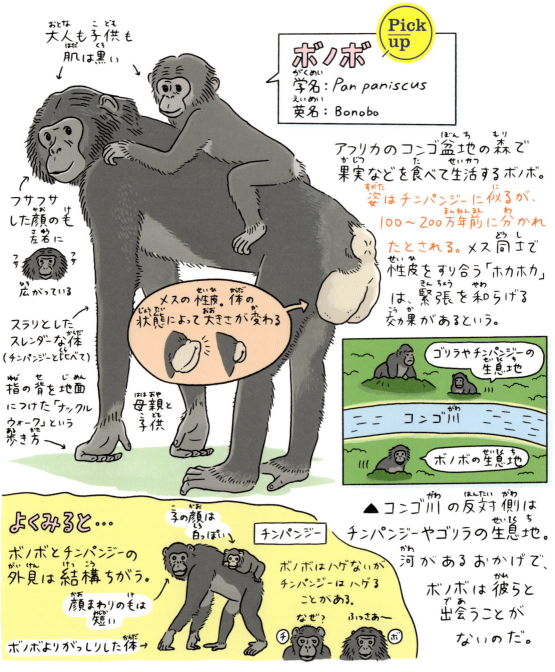

メス優位のボノボ・オス優位のチンパンジー

ボノボ
集団の中の力関係は同等か、メスの方が優位。

チンパンジー
集団の中の力関係はオスの方が圧倒的に優位。

- メス同士のつながりが強く、オス同士のつながりはやや弱い。
- **共通** 集団の中に複数のオスとメスがいる。
- オス同士のつながりは強く、メス同士のつながりはやや弱い。
- 他の集団に出会うと、親和的な行動も見せる。
- 他の集団に出会うと、争いが起こりやすい。
- 母親と息子の関係は一生。息子は、大人になっても母親の近くにいることが多い。「ママー！」「なあに」
- **共通** 娘は成長すると母親と離れてすごすようになる。バーイ
- 母親と息子の関係は変化する。初めは強いが、息子は次第に別のオス同士で行動するようになるのだ。

コンゴ川

❓ **ボノボの母親と息子には特別なつながりがある？**

母親と息子のつながりがとっても強いボノボ。息子は母親と一緒にいると、何か良いことがあるのかな？

マックス・プランク研究所のサーベック博士

母親
息子

森に入ってボノボたちを観察!

まずは、ボノボの群れに どんな個体がいるのかを調べたよ

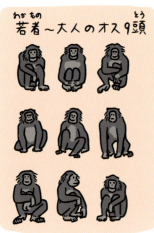
若者〜大人のオス9頭

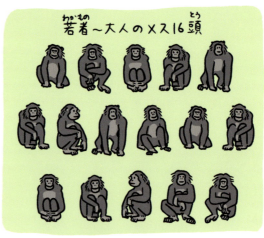
若者〜大人のメス16頭

その他

うち6頭は 同じ群れの中に母親がいることを確認

個体識別をしながら、ボノボたちのいろんな行動を記録していった。

もくろくー…と

わかったこと① 順位の高いオスが最も交尾できる

交尾は、子孫を残すために必要不可欠な行動だ。
ボノボのオスの順位は、母親の強さなどに左右されるが、
順位の高いオスほど、メスと頻繁に交尾ができるようだ。

116

わかったこと② 母がいると息子のチャンスがふえる

順位が低くても交尾できる

順位が低いオスでも、母親が近くにいる場合には、交尾の頻度が増えた。

母親は息子のサポートをする

母は息子の交尾をじゃましようとするオスを追い払っていた。

息子の子供の数が約3倍に

交尾頻度が増えたことで、息子の遺伝子を受け継ぐ子の数が約3倍に増えていることが、DNA分析により明らかになった。

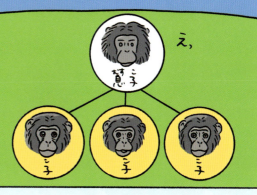

❗ 母は「婚活」サポートっぽい行動をとる

ボノボの社会では、年下のメスが年上のメスのそばにいたがる。すると、母親のそばにいる息子は若いメスと一緒にすごす機会が増えるのだ。その結果、息子の交尾のチャンスが増えたのだろう。まるで息子の「婚活」をサポートしているようだ。

母親は息子を介して自分の子孫を増やせるから、理にかなった行動といえるかもしれないね

ちなみに… チンパンジーでは、「母がいることで息子の子供の数が増える」効果は見られなかった。

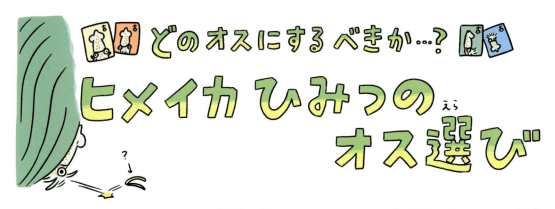

ヒメイカ ひみつのオス選び

どのオスにするべきか…？

世界一小さいイカ、ヒメイカ。温暖な海に生える海草アマモが生い茂る浅瀬で、ひっそりと暮らしています。ヒメイカのオスの求愛はちょっと唐突で、精子が入ったカプセルをメスに一方的に押しつけて退散します。突然精子入りのカプセルを押しつけられたメスは、その後いったいどうするのでしょうか。

ヒメイカのオスは、求愛行動をすることなく、メスの体に精子の塊を一方的にはりつけて立ち去るのである。メスは複数のオスから精子を押しつけられることになる。

その後…

ヒメイカのメスは精子の塊から出た精子を腕の付け根の袋に保管。産卵の準備が整うと、保管していた精子を取り出し、卵を受精させるのだ。

競走する精子・メスが選ぶ精子

多くの動物において、精子と卵が出会うまでのプロセスはナゾだらけだ。人間のように、卵をめぐって精子が競走することもあれば、どのオスの精子を使うか、メスが決めるケースもある。

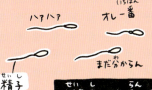   

精子が卵をめぐって競走　　メスが精子を選ぶ

 ヒメイカのメスは、複数のオスから突然押しつけられた精子をどのように受精に使っているんだろう

東京大学の岩田博士

たくさんもらっても大変だよね

119

いざ観察！ ヒメイカの産卵を観察

ヒメイカのメスは、オスから受け取った精子をひとまず腕の付け根の袋に蓄える。岩田博士は、ここに蓄えられた精子が **いつ・どのように受精に使われるのか** を調べるために、まず、メスの産卵行動を観察した。

1. ろうとから腕の中にゼリーが送られる
卵を包むゼリーを作る

2. ろうとを通って外に出される卵。ゼリーでキャッチ
ゼリーの中に卵を入れる

3. ゼリーで包んだ卵を海草に押しつける
（1〜3をくりかえす）

卵のつくりはこんな感じ
えんとつのような穴
ゼリーの層
タマネギみたい
（横から）

うーん、もう少し近くで見ないと、いつ精子を取り出したのかよく分からないなあ

さらに観察！ もっと近くで産卵を観察

海草のように見えるビニルテープを水槽のガラス面にはりつけヒメイカをそこで産卵させることに成功。

ビニルテープ

ガラス面　ビニルテープ
産卵中のヒメイカ

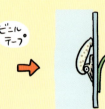
ビニルテープをはがす
ペラッ

よく見える！

成功!!
はずかし！
この部分
口球　腕

産卵がはじまった時にそっとビニルテープをはがせば **卵の様子や精子を取り出す過程を間近で観察** できるのだ。

メモ　多くの動物では受精はメスの体の中で起こるため、ヒメイカのように真近で観察できるのは超レアケースだ

わかったこと① ゼリーの中に精子を送り込む

ヒメイカのメスは、卵を包んだゼリーに腕の付け根（精子を蓄えている所）を押しあて、卵に精子を送り込んでいた。

えんとつのような穴から精子を入れてる！これならほんの少しの精子でも受精できそうだね

直接注入

わかったこと② 受精に使う精子の量をコントロール

何個の精子が受精に使われたのかを調べたところ、卵1つあたり11個から約600個と数はバラバラであった。

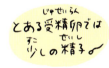
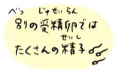

とある受精卵では少しの精子

別の受精卵ではたくさんの精子

ヒメイカの卵の受精には精子10個くらいで十分だけど、多めに精子を使うこともあるらしい

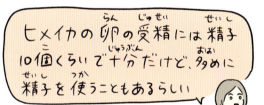

メモ：精子の核を特別な液体で染めると、何個の精子が受精に使われたのかが分かるのだ

精子の在庫管理をするメス

一方的に精子を押しつけられる、ヒメイカのメス。しかし、どんなオスの精子でも平等に受け入れるワケではなく、使う精子の量をコントロールしているようだ。メス側が受精を操作しているのかもしれない。

メモ：メスがイケてないオスの精子を捨てたり、複数の良いオスを父親するよう操作していたりする可能性も？

ヒトに蜜のありかを教える鳥、ミツオシエ

ノドグロミツオシエは、その名のとおり、人間にハチミツのありかを教えてくれる、変わった鳥です。人間はハチの巣からハチミツを取り出し、一部をお礼としてミツオシエに与えるのです。この完璧なハンティングをはじめるには、とある秘密のサインを出さなければならないのですが、そのサインとは？

ここがスゴイ ヒトと一緒にハチの巣狩りをする

ヤオ族の人々
モザンビーク、タンザニア、マラウイに住む。日常的にハチミツを採取し売ったり、おやつにしたりする。

① 狩りをはじめる合図

ノドグロミツオシエが「キュルキュルキュル…」と鳴くと、ヤオ族の男性が「ブルルル…フッ」という独特の声を出す。これが狩りをはじめる合図だ。

② ミツオシエの道案内

ミツオシエは特定の方角へヤオ族の人を誘導する。ヤオ族はその間も「ブルルル…フッ」と声をかけつづける。

③ ヒトがハチの巣を取り出す

ハチの巣を見つけると、ヤオ族は煙をたいて巣を取り出し、ハチミツを採る。残った巣はミツオシエへのごほうびだ。

❓ ハチの巣狩りを成功させる魔法の言葉？

ケンブリッジ大学のスポッティスウッディ博士

ヤオ族の人たちが出す特殊な声「ブルル…フッ」じゃないとハチの巣狩りはうまくいかないのかな？

123

わかったこと③ 「ブルル…フッ」で狩り成功率が上がる

道案内中に「ブルル…フッ」とミツオシエに声をかけつづけるとハチの巣発見率が3倍も高くなった。他の音ではうまくいかないケースが多かった。

ヒトとトリがコンビになってハチの巣狩りを成功させる

巣は取り出せないけど見つけるのは得意
ミツオシエ

巣を見つけるよりも取り出す方が得意
ヤオ族

ヤオ族の「ブルル…フッ」という声かけによって、お互いの苦手を補い合うような関係を作っていると言えよう。

人と関係を築いたミツオシエが生き残った結果、独特なコンビネーションが維持されているのかもね

人間といるとイイコトがある

野生の鳥と人とのもろい関係

人間と野生の鳥に見られるこの関係は数千年も続いていると言われている（諸説あり）。しかし、環境変化や人間の食生活の現代化によって、いつ消えてもおかしくないのだ。

コラム7 人と一緒に狩りをする動物たち
（狩りをしていた）

前ページのミツオシエとヤオ族のように動物と人とが協力して狩りをする様子はいつ消えてもおかしくないという。

ここでは、今もギリギリ残っている協力関係とかつて存在していた関係をみてみよう。

今も残っている 人間とイルカの関係

ブラジルとミャンマーの一部の地域では、イルカが魚を漁師のいる浅瀬に追い込み、漁師はイルカから特定の合図を受け取るとネットをひろげて魚をとらえるという協力関係が残っている

いいぞ！ もうちょとだ！

おいこまれる魚たち（ボウ）　オラオラ

背中を見せるとネットをひろげるの合図

いまだ

今は消えてしまった 人間とシャチの関係

ロシアやオーストラリアなどの地域では、シャチがクジラやアザラシを浅瀬に追いやり、人間がとどめをさすという協力関係が見られていた

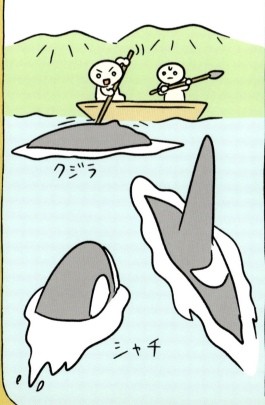

クジラ
シャチ

今は消えてしまった 人間とオオカミの関係

北アメリカの広い範囲でその土地の先住民たちとオオカミが協力してバイソンなどの大型動物を狩っていたと報告されている。

オオカミ
バイソン
人間 とどめをさす係

コラム8 研究をささえるフィールドワーク

ミツオシエ、ボノボ、キガシラシトドの研究成果のようにフィールドワーク中の観察で明らかになったものは多い。便利な機器が増えた今でも、実際の観察で得られる情報の価値は高いままであろう。

イメージ

研究者がフィールドで書きなぐった野帳。
（本人でも解読できないことがある）

いつもの道でフィールドワーク

僻地で珍しい動物を調べるのだけがフィールドワークではない。普段の通学路や通勤路でも生き物の様子を記録したり写真を撮っていたりすれば、すごい発見の第1人者になれるかもしれない。

5章

がんばる
サバイバル

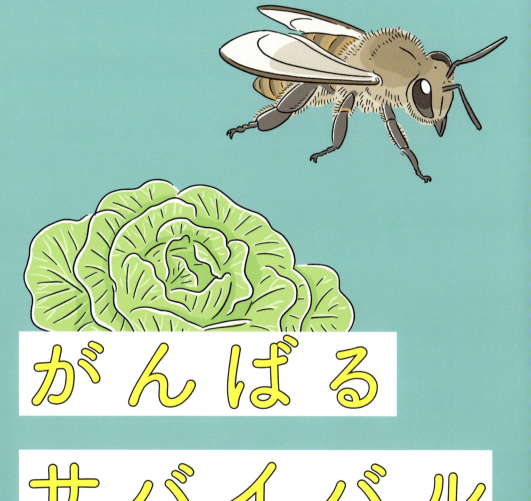

古代湖の頂点捕食者 バイカルアザラシの独特な生き方

世界一深い湖、バイカル湖には、世界で唯一淡水だけにすむアザラシ、バイカルアザラシがいます。大きな目、太くて短い体、しっかりしたツメをもつ、ちょっと変わった風貌のバイカルアザラシ。エサの食べ方も特殊なようです。いったいどんなふうにエサを食べるのでしょう。

夏の間、岩の上に群がるバイカルアザラシ

世界で最も深い湖、バイカル湖。バイカルアザラシをはじめ、甲殻類や魚類など多くの固有種が見つかっていて、独自の生態系をもっている。しかし、食物連鎖の土台となる植物プランクトンが少ない貧栄養湖でもある。生き物の数自体は少なく、透明度がとても高い。

Pick up

バイカルアザラシ
学名：Pusa sibirica
英名：Baikal seal

体が小さく胴まわりが太い（太短い）

岩にのぼるのに役立つ長いツメ

とても大きな目

130

観察！バイカルアザラシを追ってみた

映像イメージ
ビデオカメラ

行動記録計
水温・深度・泳ぐ速さの他、アザラシの細かい活動（加速度）と向いた方向（地磁気）も記録した

わかったこと① 夜にヨコエビを食べるバイカルアザラシ

岩の上や水中で休みをとりつつ、夜は湖に潜ってエサとりをしていた。

スヤスヤ…
うとうと

約10分間の潜水中におおよそ60匹、多い時には150匹以上のヨコエビをとらえて食べていた。他のアザラシやクジラではありえないエサとり頻度である。

パクパクパクパク

ヨコエビ

記録計とカメラは時間がたつとアザラシからはずれ、水面に浮かぶ。

はずれた

バイカルアザラシは、わずか0.1gのヨコエビを**1日に約4300匹も食べる**ことで、確かなエネルギーとしているみたいだ

そんなに食べてたか

食べていたのは水中にぷかぷか浮くタイプのヨコエビ。夜になると浅い所に上がってくる性質があり、アザラシはそれを狙って夜にエサとりをしているのだ。

バイカル湖固有のヨコエビ

150匹食べた

ごくまれに小さな魚も食べる

パクパクパクパク

133

すんごい頻度でヨコエビを食べていたら
口の中に水がたくさん入ってしまうはずだけど…？
どうしているんだろう

水で腹いっぱい

わかったこと② エサをこし取れるくしみたいな歯

バイカルアザラシの歯はくしのように
ギザギザである。

ギザギザ ギザギザ
くしのような歯

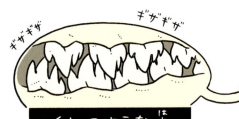
こし出された水
エサ（ヨコエビなど）

口を閉じるとフィルターのように
なり、歯のすき間から水をこし出す
ことで、エサだけを飲み込むことが
できるのだろう。

ちなみに
動物プランクトン
をよく食べる他の
アザラシも、歯の
ギザギザ度が
高かった。

同じだ
バイカル

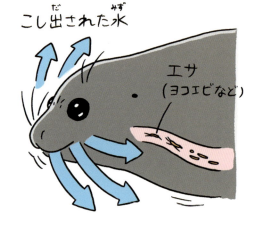
ギザギザ度が高い
冷たい？
動物プランクトンをよく食べる
カニクイアザラシ

ギザギザ度は低い
大きい魚をよく食べる
ウェッデルアザラシ

水生ほ乳類界でも指折りの早食いアザラシ

特殊な歯で小さなヨコエビを食べまくり古代湖に適応したのがバイカルアザラシなのである。

ちょっと深ぼり バイカル湖でアザラシが生きぬくには

栄養の乏しいバイカル湖で大食らいのバイカルアザラシたちが生きていけるのはなぜだろう。

しかもまるまる太っている

「こんな説はどうかな」
食物連鎖ではいくつかのステップを介するうちに、熱や糞などでたくさんのエネルギーロスが生じてしまうよ。

よくある食物連鎖 （エネルギーロスが多い）

ところが、バイカルアザラシのように、食物連鎖の最初の方の動物プランクトンを食べることができれば、エネルギーのロスが少なくてすむ。だから、栄養の乏しい湖でも、アザラシたちが生活していけるのかもしれないね。

バイカル湖の食物連鎖 （エネルギーロスが少ない）

135

みんなで戦う！ミツバチの対スズメバチ大作戦

花の蜜をせっせと集めるニホンミツバチ。巣に侵入してきた天敵オオスズメバチに対しては、熱球という群れを作ってオオスズメバチを囲み、蒸し殺します。熱球の中心温度は46℃近くまで上がるようですが、ニホンミツバチの体にダメージはないのでしょうか。調べてみると、彼女たちの驚くべき戦い方が見えてきました。

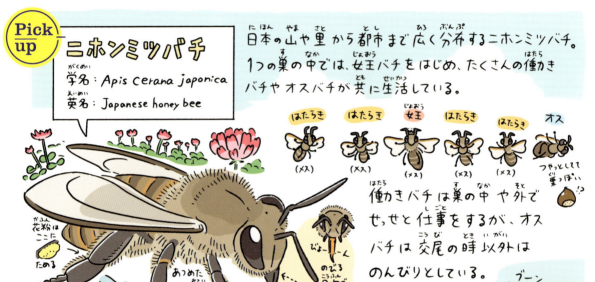

ニホンミツバチの「熱殺蜂球」

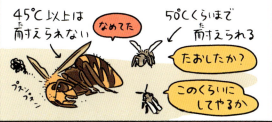

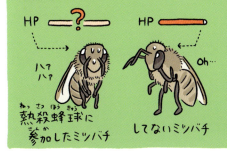

実験！ 熱殺蜂球を作るニホンミツバチを調べてみた

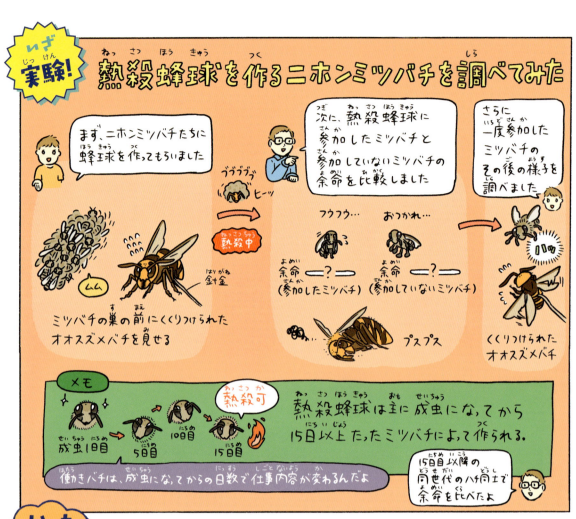

わかったこと① 熱殺蜂球に加わったミツバチは短命に

熱殺蜂球に加わったミツバチの余命は加わっていないミツバチの約4分の1ほどまで縮まることが判明した。

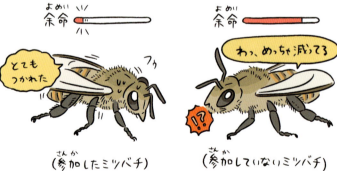

熱殺蜂球はとても効果的な方法だけどミツバチ自身もしっかりダメージを受ける

「諸刃の剣」なんだね

わかったこと② ダメージを受けたミツバチは、次回 中心に行きやすい
（余命が短くなった）

一度、熱殺蜂球でダメージを受けたミツバチは次にオオスズメバチがおそってきた時に、返り討ちに合う危険性の高い蜂球の中心部に集中していた。

コラーッ！かみついてやる

外側 初めて参加するミツバチ（ダメージなし）

内側 過去に参加したことがあるミツバチ（ダメージあり）

蜂球を作っているミツバチは暑さを感じないのか！？様々な仮説を元に研究が進められている

⚠ 熱殺蜂球は必殺技だが、大ダメージを負う

ミツバチの余命が約4分の3も縮んでしまう必殺技「熱殺蜂球」。とてもコストがかかる方法だが、それによって得られるメリットが大きいため、この行動がミツバチの中に残されてきたのだろう。

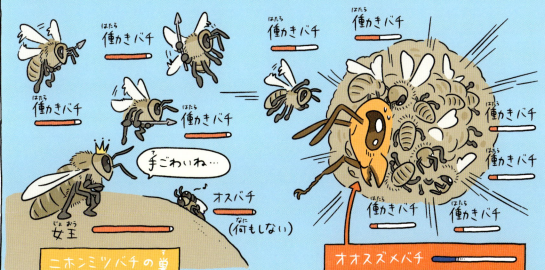

働きバチ／働きバチ／働きバチ／働きバチ／働きバチ

手ごわいね…

オスバチ（何もしない）

女王

ニホンミツバチの巣

オオスズメバチ

ニホンミツバチはそれぞれ🐝が状況に応じて動くことで、コロニー全体🐝がうまく生き延びられるようになっているのかもしれないね

（イメージ）

ブンブンブン

ヒーッ

こらしめてやる

メモ：短命になった個体が積極的に危険を冒すようになるのか、別の理由で中心部に行きやすくなっているのかはまだ分かっていない

虫にかじられると、かおりで主張するキャベツ

誰もが一度は食べたことがあるであろうキャベツ。一部の虫たちにとってもごちそうです。そんな食べられっぱなしのように見えるキャベツですが、幼虫にかじられると特別なかおりを出しているらしいのです。そして、そのかおりに引き寄せられるのはいったい…？

キャベツは日本人の食卓に欠かせない野菜の1つ。虫くいだらけのキャベツの葉を時々見かけるように、一部の虫たちにとっても欠かせない食べ物である。

キャベツ Pick up
学名：*Brassica oleracea L. var. capitata L.*
英名：Cabbage

コナガ Pick up
学名：*Plutella xylostella*
英名：Diamondback moth

キャベツの葉には虫たちにとっての辛味成分が含まれており、食べられないように防衛している。

しかし、コナガやモンシロチョウの幼虫は、進化の過程で辛味成分を克服し、キャベツを食べられるようになったのである。

実はにぎやかな植物たち

植物は、活発に動きまわることもなく、静かなので、物言わぬ生き物だと思われてきた。しかし、近年、かおりを使って害虫の存在を他の植物に伝えたり、ストレスを受けた時に音を発していたりすることが判明し、想像以上ににぎやかであることが分かってきた。

キャベツ🥬 キャベツの天敵とキャベツの天敵の天敵

キャベツを食べる代表的な虫の1つが「コナガ」の幼虫だ。最大でも1cmほどだが、キャベツの葉を穴だらけにしてしまう。世界中の熱帯から寒帯まで広く分布し、キャベツなどのアブラナ科の作物を食べる害虫として、人々を悩ませている。

そんなコナガの幼虫の天敵は「コナガサムライコマユバチ」(以下、コナガコマユバチ)。コナガコマユバチは成長途中の若いコナガ幼虫に卵を生みつけ、幼虫の体内で自分の子供を成長させるのだ。

コナガ幼虫がいる所には、なぜかコナガコマユバチが現れる

❓ なぜコマユバチは小さなコナガの幼虫の居場所が分かるの？

コナガの幼虫は小さく、キャベツの葉の中や裏にかくれているため、目で探すのは難しそうだ。植物が発するかおりを研究している塩尻かおり博士は、キャベツが何らかの匂い物質を発しているのではないかと考えた。

141

実験！ かおりを手がかりにしていそうな段階をしぼる

わかったこと① コナガにかじられたキャベツに寄っていく

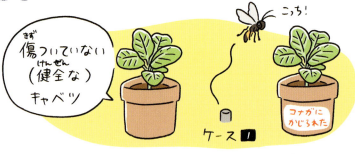

いろいろなキャベツの苗を準備し、コナガコマユバチに選ばせた。

すると、ケース1～3全てにおいて、**コナガの幼虫にかじられたキャベツの苗に引きよせられていた。**

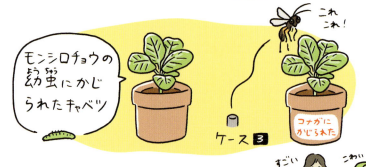

わかったこと② コナガにかじられたキャベツは特別にブレンドしたかおりを放つ

キャベツが放つかおりを分析してみると、キャベツは状況に応じてかおり成分の割合を変えていることが分かった。おもしろいことに、コナガの幼虫にかじられた時に発するかおりは、コナガコマユバチを最も引き寄せる効果があった。

🟧 キャベツ🥬が放ったかおりは天敵（コナガ）の天敵（コナガコマユバチ）を誘う

植物や昆虫の感覚になると、自然界にはたくさんの情報が行き交っていることが分かるかもしれない。

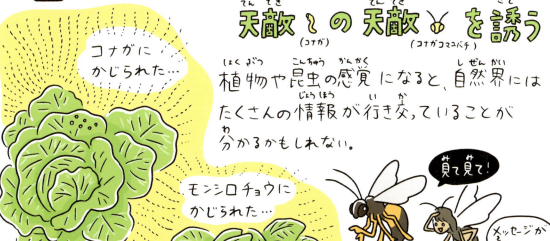

毛皮だけじゃない！極寒の海でもポカポカなラッコのヒミツ

寒いときに体を動かすと、体の内側からポカポカあたたまります。これは、私たちが筋肉でたくさんの熱をうみ出せるからです。でもその能力が極めて高い動物がいます。それは寒い海に浮かんで暮らすラッコ。極寒の海でも平気な顔をしているラッコに、究極の防寒対策を教えてもらいましょう。

ちょっと深ぼり　海の中で体をポカポカに保つには？

例えば、体温を37℃に保ちたい時、体外へ逃げる熱と体内でうまれる熱のバランスが、体内でちょうど37℃になるように調節する必要がある。

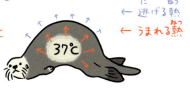

ラッコは「熱をうみ出すしくみ」の方にもっと特別な能力があったりして…？

 ラッコの熱源はどこにある？

わかったこと① 骨格筋のミトコンドリアから多くの熱が発生

筋肉の中にあるミトコンドリアは、エネルギーや熱を作り出す大切な場所だ。ミトコンドリアには内膜があって、そこにプロトン（水素イオン）が送られエネルギーがたまる。でも一部のプロトンが内膜から漏れることがあるらしい。

漏れたプロトンは、熱として細胞の外に放出される。これが、ラッコの体温を保つための重要な熱源だったのだ。

わかったこと② 赤ちゃんが熱をうみ出す能力は大人と同じ！

生まれたばかりのラッコの赤ちゃんは、単独では何もできず、食事や毛づくろいはすべて母親がしてあげなければならない。体が小さく、未熟な状態なので、当然大人より寒さに弱いはずだ。

しかし、赤ちゃんの骨格筋は大人と同じレベルで熱をうみだす能力があった。つまり、赤ちゃんは未熟なのに骨格筋の発達が異様に早いのである。

わきだす熱とふさふさ毛皮でカンペキな防寒対策

ラッコは、筋肉などからわきだす大量の熱とふさふさの毛皮のおかげで、極寒の海中でも体温を保てるというわけだ。

熱を大量に作り続けるには、たくさんのエサを食べなければならない。ラッコが1日に体重の約25％ものエサを食べるのはそのためなのだ。

ラッコの祖先は「たくさん熱を作る能力」をいつ獲得したのかな。ほ乳類が水中で暮らせるようになったヒミツが分かるかも！

147

なぜ凍えない？
極寒の深海まで潜るサメたち

たびたび深海に潜るサメたち。暖かくて明るい海面とは違い、深海は暗くて極寒の世界です。多くの魚は周りの温度に体温を合わせる変温動物ですが、そんな深海で、サメたちは凍えてしまわないのでしょうか。二人の研究者が、深海に潜るアカシュモクザメとジンベエザメの体温を測って、このナゾを解き明かしました。

ジンベエザメは全長18.8m 体重は35トンに達する世界最大の魚類。

ジンベエザメ Pick up
学名：Rhincodon typus
英名：Whale shark

世界中の熱帯から温帯までの海域に広く分布し、日本近海でも度々姿を現す。

デッケー!!
漁師

プランクトンや小魚などを食べる。

エサを外洋で食べるタイプと沿岸で食べるタイプがいる。
沿岸 / 外洋

アカシュモクザメは世界中の熱帯から温帯の岸近くに生息する魚類。

大群を作ることも
(日本では神子元島が有名)

全長4m
体重150kgに達する。

ダイバーの間では「ハンマーリバー(川)」と呼ばれているよ

アカシュモクザメ Pick up
学名：Sphyrna lewini
英名：Scalloped hammerhead shark
（ホタテガイ）にてる？

魚や甲殻類(エビ・カニ)頭足類(タコ・イカ)を食べるよ

マズイ

ジンベエザメもアカシュモクザメもたびたび深海まで潜る

普段は暖かい水面近くにいるが、たびたび極寒(水温10℃以下)の深海まで潜るジンベエザメとアカシュモクザメ。凍えて動けなくなってしまわないのだろうか？いったい、深海で何をしているのだろうか？

ちょっと深ぼり　体温で魚を分けてみると…

「体温が高い魚」と呼ばれる魚がいる。マグロ類やネズミザメ類の一部の魚のことで、筋肉で熱を作ったり、作った熱が体外に逃げる前に回収する仕組みが発達している。これにより、体温を外の水温より高く保てるのだ。この性質を「内温性」という。内温性をもつ魚は寒冷な海でも活発に動くことができる。

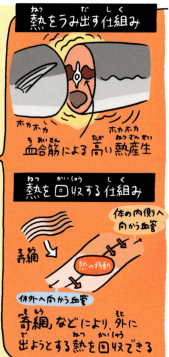

熱をうみ出す仕組み

血合筋による高い熱産生

熱を回収する仕組み

奇網などにより、外に出ようとする熱を回収できる

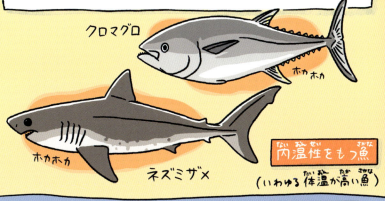

クロマグロ　ホカホカ

ホカホカ　ネズミザメ

内温性をもつ魚
(いわゆる体温が高い魚)

外温性の魚
(いわゆる体温が低い魚)

ブリ　カタクチイワシ　アイナメ

しかし、多くの魚はいわゆる「体温の低い魚」で、まわりの温度が下がれば体温も下がる、「外温性」という性質をもつ。基本的には、外の水温よりも体温を高く保つことはできない。

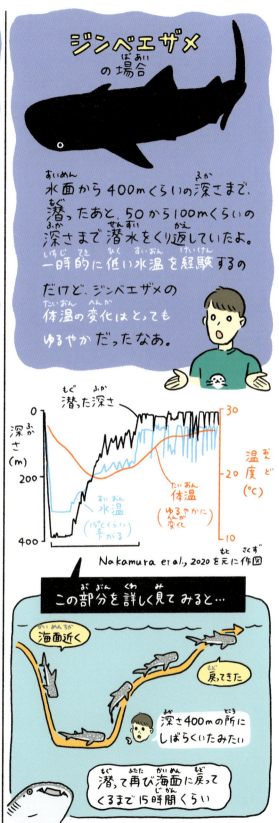

🟧 加温はできないが、保温はできる

アカシュモクザメとジンベエザメは、極寒の深海でも体温が安定していた。ところで、彼らにはマグロ類やネズミザメ類（内温性の魚）が持つ、体温を高く保持する仕組みはないのだろうか。2人の博士は、それについても検討済みだ。

体中を調べてみても、**体を加温できるような仕組みや血管は見当たらなかった。**

そして、一番暖かい水面の温度より体温が高くなることはなかった。つまり、アカシュモクザメとジンベエザメは、**大多数の魚と同じ外温性の魚**でありながら、体の特徴を活かして深海にアクセスできるのである。

🔍ちょっと深ぼり サメたちはなぜ深海へ？

アカシュモクザメとジンベエザメが、わざわざ深海に向かう理由はまだハッキリとしていない。しかし、エサとりをするならば、**体温が高いことは間違いなく有利**だ。体が温かければ、筋肉を速く動かすことができ、冷たい水にすむ生物よりすばやく泳げるので、エサをラクにつかまえられるからである。

でも、もしかすると、体を冷やしたいだけなのかもしれない。なぜ深海に行くのか…。それを明らかにするのは**未来の研究者**であろう。

153

おわりに

　この本を描くために、論文を読んだり、論文を執筆した研究者と話をしたり、取材に行ったりしたことは、とても楽しい経験でした。特に、自分では調べきれなかった点について不安に思っていることを監修者の方々に伝えると、どの方もとても丁寧に資料を準備してくださり、「本編とは関係ないけれど、この生き物も面白いんだよ」といったエピソードまで教えていただきました。

　以下の先生方には、とても丁寧にご対応いただきました。（所属は2025年4月時点のものです）

　奈良女子大学の三藤清香さん（コノハミドリガイ・クロミドリガイ）、東北大学の別所－上原学さん（キンメモドキ）、名古屋大学の後藤佑介さん（巨大翼竜・オオミズナギドリ）、産業技術総合研究所の安佛尚志さん（クロカタゾウムシ）、福知山公立大学の吉田誠さん（アメリカナマズ）、塩見こずえさん（オオミズナギドリ）、近畿大学の畑瀬英男さん（アカウミガメ）、日本大学の阿部貴晃さん（ベニザケ）、静岡大学の伊藤舜さん（オカダトカゲ）、東京大学の石川麻乃さん（イトヨ）、弘前大学の森井悠太さん（カタツムリ）、山口大学の小島渉さん（カブトムシ）、熊本大学の吉川晟弘さん（ヤドカリとイソギンチャク）、北海道大学の横井佐織さん（メダカ）、九州大学の細川貴弘さん（ベニツチカメムシ）、中央大学の徳山奈帆子さん（ボノボ）、東京大学の岩田容子さん（ヒメイカ）、総合大学院大学の渡辺佑基さん（バイカルアザラシ）、城西大学の宇賀神篤さん（ニホンミツバチ）、龍谷大学の塩尻かおりさん（キャベツとコナガとコマユバチ）、長崎大学の中村乙水さん（ジンベエザメ）

　もしこの本を読んで「こんな研究をやってみたい！」と思ったら、先生方に会いに行ってみるのもいいでしょう。

そして、この本を描きながら、「科学を伝える意義とは何か？」を考えました。

時々、「生き物に興味がない人や苦手な人に、生き物のことを伝える意味なんてあるの？」と言われることがあります。たしかに、興味のないことを延々と聞かされるのは辛いものです。でも、都会にいると忘れがちですが、どこにすんでいても、生き物と接しない環境は存在しません。例えば、日頃食べていた魚が食べられなくなったり、家の前に巨大なハチの巣ができてしまったり、泊まったホテルで虫に噛まれたり…。もっと深刻なレベルで、私たちの生活が脅かされることもあります。

そんなとき、生き物について正しく知っていれば、落ち着いて対処できるはずです。これまで、根拠のない噂が広がり、誤った対策がとられるのを何度も見てきました。だからこそ、「聞く気がなくても、なんとなく耳に入るくらい」の距離感で、生き物の情報を伝え、正確な情報にいつでも辿り着けるようにしておくことは大切だと思っています。そして、できれば「お勉強」にならず、楽しみながら知識を身につけられるのが理想です。生き物が娯楽として消費されるのではなく、その生き物らしい面が伝わり、人間のよき隣人になってくれたらと思い、この本を描きました。

最後に、エクスナレッジの越智和正さんには、長きにわたり執筆作業を支えていただきました。垂直の壁を登っているような、苦しい時期もありましたが、越智さんのサポートがなければ、この本は完成しませんでした。この場を借りて、心から感謝申し上げます。

きのしたちひろ

索引

K.maakii	87
K.middendorffi	87
K.selskii	87
K.ussuriensis	87
アイナメ	149
アカウミガメ	58-61
アカコッコ	76
アカシュモクザメ	148-153
アザラシ	47, 144, 145
➡ウェッデルアザラシ	
➡カニクイアザラシ	
➡ゾウアザラシ	
➡バイカルアザラシ	
➡ヒョウアザラシ	
アフリカオオノガン	21
アポイマイマイ	86
アホウドリ	17
アマモ	118
アメリカナマズ	
➡チャネルキャットフィッシュ	
アルゲンタビス	16-21
イカ	
➡ホタルイカ	
➡ヒメイカ	
イソギンチャク	
➡ヒメキンカライソギンチャク	
イタチザメ	46
イトヨ	80-83
イモゾウムシ	23
イルカ	126
➡ハンドウイルカ	

イワシ	
➡カタクチイワシ	
➡ヨーロッパカタクチイワシ	
ウェッデルアザラシ	134
ウミウシ	
➡コノハミドリガイ	
➡クロミドリガイ	
ウミガメ	
➡アカウミガメ	
ウミホタル	12
エゾマイマイ	84-87
オオカバマダラ	56
オオカミ	127
➡ハイイロオオカミ	
オオスズメバチ	136-139
オオゾウムシ	23
オオミズナギドリ	52-55
オオルリオサムシ	84-87
オカダトカゲ	76-79
オキアミ	26
オワンクラゲ	12
カグラザメ	46
カタクチイワシ	149
カタゾウカミキリの仲間	22
カタツムリ	
➡*K.maakii*	
➡*K.middendorffi*	
➡*K.selskii*	
➡*K.ussuriensis*	
➡アポイマイマイ	
➡エゾマイマイ	
➡タカヒデマイマイ	
➡ヒメマイマイ	
➡ホンブレイキマイマイ	
カニクイアザラシ	134
カブトムシ	22, 88-91

カメムシ	
➡ベニツチカメムシ	
カレドニアカラス	39
キガシラシトド	94-97
キタノメダカ	106
キノコ	
➡ヤコウタケ	
キャベツ	140-143
キリン	18
キングペンギン	47
キンメモドキ	12-15
クジラ	70, 144
➡ザトウクジラ	
➡シロナガスクジラ	
➡マッコウクジラ	
クダクラゲの仲間	26
クロカタゾウムシ	22-25
クロマグロ	149
クロミドリガイ	8-11
グンカンドリ	17
ケツァルコアトルス	16-21
ゲンジボタル	12
コウモリ	
➡ホオヒゲコウモリ	
コクヌストモドキ	92
コナガ	140-143
コナガコマユバチ	
➡コナガサムライコマユバチ	
コナガサムライコマユバチ	141-143
コノハミドリガイ	8-11
コンドル	17
サクラエビ	12
サケ	57
➡ベニザケ	
サシバ	76

156

ザトウクジラ …… 66-69	ハチ	ボノボ …… 114-117
サメ	➡オオスズメバチ	ボラ …… 126
➡アカシュモクザメ	➡コナガサムライコマユバチ	ボロボロノキ …… 110
➡イタチザメ	➡ニホンミツバチ	ホンブレイキマイマイ …… 86
➡カグラザメ	➡モンスズメバチ	マイマイカブリ …… 84
➡ジンベエザメ	ハト …… 57	マウス …… 37
➡ネズミザメ	ハンドウイルカ …… 102-105	マグロ …… 46, 153
シカ …… 92	ヒカリマイマイ …… 12	➡クロマグロ
シマヘビ …… 76-79	ヒグマ …… 85	マダニ …… 85
シャチ …… 127	ヒト …… 29, 37, 39, 103	マッコウクジラ …… 27, 131
シロナガスクジラ …… 26-29	ヒメイカ …… 118-121	マルカメムシ …… 113
ジンゴロウヤドカリ …… 98-101	ヒメキンカライソギンチャク	ミズナギドリ …… 17
ジンベエザメ …… 148-153	…… 98-101	ミツボシツチカメムシ …… 113
スカーレットキングヘビ …… 49	ヒメマイマイ …… 84-87	ミツマタヤリウオ …… 12
ゾウ …… 27	ヒョウアザラシ …… 131	ミナミメダカ …… 106-109
ゾウアザラシ …… 145	ヒラムシ類 …… 9	メダカ
タカヒデマイマイ …… 86	フサオマキザル …… 39	➡ミナミメダカ
チャネルキャットフィッシュ	ブチハイエナ …… 32-35	➡キタノメダカ
…… 42-45	プテラノドン …… 16-21	メンフクロウ …… 48, 51
チョウチンアンコウ …… 12	プラナリア …… 11	モンシロチョウ …… 140
チンパンジー …… 39, 114-117	ブリ …… 149	モンスズメバチ …… 50
トカゲ	フンコロガシの一種 …… 56	ヤコウタケ …… 12
➡オカダトカゲ	ベニザケ …… 72-75	ヤシオウム …… 38-41
トキソプラズマ …… 32-37	ベニツチカメムシ …… 110-113	ヤシオオオサゾウムシ …… 23
トド …… 94	ヘノジガイ …… 98	ヤドカリ
ナルドネラ …… 23-25	ヘビ	➡ジンゴロウヤドカリ
ニホンイタチ …… 76	➡シマヘビ	ヨーロッパカタクチイワシ
ニホンイトヨ …… 80-83	➡スカーレットキングヘビ	…… 62-65
ニホンミツバチ …… 136-139	➡ハーレクインサンゴヘビ	翼竜
ネズミ …… 33, 35	ペラゴルニス …… 16-21	➡ケツァルコアトルス
ネズミザメ …… 149, 153	ペンギン …… 30, 47	➡プテラノドン
ノドグロミツオシエ …… 122-125	➡キングペンギン	ヨコエビ …… 131
ハーレクインサンゴヘビ …… 49	ホオヒゲコウモリ …… 48-51	ライオン …… 32, 34-35
ハイイロオオカミ …… 36	ホタル	ラッコ …… 144-147
バイカルアザラシ …… 130-135	➡ゲンジボタル	ワシ …… 17
バイソン …… 127	ホタルイカ …… 12	

157

参考文献

▶ 1章

[P.008-011]
Mitoh, S., & Yusa, Y. (2021). Extreme autotomy and whole-body regeneration in photosynthetic sea slugs. *Current Biology*, 31, R233-R234.

[P.012-015]
Bessho-Uehara, M., Yamamoto, N., Shigenobu, S., Mori, H., Kuwata, K., & Oba, Y. (2020). Kleptoprotein bioluminescence: *Parapriacanthus* fish obtain luciferase from ostracod prey. *Science advances*, 6, eaax4942.

[P.016-021]
Goto, Y., Yoda, K., Weimerskirch, H., & Sato, K. (2022). How did extinct giant birds and pterosaurs fly? A comprehensive modeling approach to evaluate soaring performance. *PNAS nexus*, 1, pgac023.

[P.022-025]
Anbutsu, H., Moriyama, M., Nikoh, N., Hosokawa, T., Futahashi, R., Tanahashi, M., ... & Fukatsu, T. (2017). Small genome symbiont underlies cuticle hardness in beetles. *Proceedings of the National Academy of Sciences*, 114, E8382-E8391.

[P.026-029]
Goldbogen, J. A., Cade, D. E., Calambokidis, J., Czapanskiy, M. F., Fahlbusch, J., Friedlaender, A. S., ... & Ponganis, P. J. (2019). Extreme bradycardia and tachycardia in the world's largest animal. *Proceedings of the National Academy of Sciences*, 116, 25329-25332.

Goldbogen, J. A., Cade, D. E., Wisniewska, D. M., Potvin, J., Segre, P. S., Savoca, M. S., ... & Pyenson, N. D. (2019). Why whales are big but not bigger: physiological drivers and ecological limits in the age of ocean giants. *Science*, 366, 1367-1372.

[P.030]
Sato, K., Shiomi, K., Marshall, G., Kooyman, G. L., & Ponganis, P. J. (2011). Stroke rates and diving air volumes of emperor penguins: implications for dive performance. *Journal of Experimental Biology*, 214, 2854-2863.

〈こちらの書籍もおすすめ〉佐藤克文、森阪匡通(2013):『サボり上手な動物たち』岩波科学ライブラリー(岩波書店)

▶ 2章

[P.032-035]
Gering, E., Laubach, Z. M., Weber, P. S. D., Soboll Hussey, G., Lehmann, K. D., Montgomery, T. M., ... & Getty, T. (2021). *Toxoplasma gondii* infections are associated with costly boldness toward felids in a wild host. *Nature Communications*, 12, 3842.

[P.036-037]
Meyer, C. J., Cassidy, K. A., Stahler, E. E., Brandell, E. E., Anton, C. B., Stahler, D. R., & Smith, D. W. (2022). Parasitic infection increases risk-taking in a social, intermediate host carnivore. *Communications Biology*, 5, 1180.

Ihara, F., Nishimura, M., Muroi, Y., Mahmoud, M. E., Yokoyama, N., Nagamune, K., & Nishikawa, Y. (2016). *Toxoplasma gondii* infection in mice impairs long-term fear memory consolidation through dysfunction of the cortex and amygdala. *Infection and immunity*, 84, 2861-2870.

Borráz-León, J. I., Rantala, M. J., Krams, I. A., Cerda-Molina, A. L., & Contreras-Garduño, J. (2022). Are Toxoplasma-infected subjects more attractive, symmetrical, or healthier than non-infected ones? Evidence from subjective and objective measurements. *PeerJ*, 10, e13122.

[P.038-041]
Heinsohn, R., Zdenek, C. N., Appleby, D., & Endler, J. A. (2023). Individual preferences for sound tool design in a parrot. *Proceedings of the Royal Society B*, 290, 20231271.

[P.042-045]
Yoshida, M. A., Yamamoto, D., & Sato, K. (2017). Physostomous channel catfish, *Ictalurus punctatus*, modify swimming mode and buoyancy based on flow conditions. *Journal of Experimental Biology*, 220, 597-606.

[P.046-047]
Alexander, R. M. (1972). The energetics of vertical migration by fishes. *Symposia of the Society for Experimental Biology*, 26, 273-294

Nakamura, I., Meyer, C. G., & Sato, K. (2015). Unexpected positive buoyancy in deep sea sharks, *Hexanchus griseus*, and a *Echinorhinus cookei*. *PloS one*, 10, e0127667.

Nakamura, I., Watanabe, Y. Y., Papastamatiou, Y. P., Sato, K., & Meyer, C. G. (2011). Yo-yo vertical movements suggest a foraging strategy for tiger sharks *Galeocerdo cuvier*. *Marine Ecology Progress Series*, 424, 237-246.

Beck, C. A., Bowen, W. D., & Iverson, S. J. (2000). Seasonal changes in buoyancy and diving behaviour of adult grey seals. *Journal of Experimental Biology*, 203, 2323-2330.

Sato, K., Naito, Y., Kato, A., Niizuma, Y., Watanuki, Y., Charrassin, J. B., ... & Le Maho, Y. (2002). Buoyancy and maximal diving depth in penguins: do they control inhaling air volume?. *Journal of Experimental Biology*, 205, 1189-1197.

〈こちらの書籍もおすすめ〉東昭(2018):『生物の動きの辞典(新装版)』(朝倉書店)

[P.048-051]
Ancillotto, L., Pafundi, D., Cappa, F., Chaverri, G., Gamba, M., Cervo, R., & Russo, D. (2022). Bats mimic hymenopteran insect sounds to deter predators. *Current Biology*, 32, R408-R409.

〈こちらの書籍もおすすめ〉藤原晴彦(2007):『似せてだます擬態の不思議な世界』(化学同人)

[P.052-055]
Goto, Y., Yoda, K., & Sato, K. (2017). Asymmetry hidden in birds' tracks reveals wind, heading, and orientation ability over the ocean. *Science advances*, 3, e1700097.

Shiomi, K., Yoda, K., Katsumata, N., & Sato, K. (2012). Temporal tuning of homeward flights in seabirds. *Animal Behaviour*, 83, 355-359.

[P.056-057]
Dacke, M., Baird, E., Byrne, M., Scholtz, C. H., & Warrant, E. J. (2013). Dung beetles use the Milky Way for orientation. *Current biology*, 23, 298-300.

Vyssotski, A. L., Dell'Omo, G., Dell'Ariccia, G., Abramchuk, A. N., Serkov, A. N., Latanov, A. V., ... & Lipp, H. P. (2009). EEG responses to visual landmarks in flying pigeons. *Current Biology*, 19, 1159-1166.

〈こちらの書籍もおすすめ〉木下充代(2018):『チョウの長距離移動―渡りの方向を決める仕組み』生物の科学 遺伝 2018年 Vol.72 No.2(エヌ・ティー・エス)

牧口祐也(2018):「サケの回帰ナビゲーションとバイオロギング」生物の科学 遺伝 2018年 Vol.72 No.3(エヌ・ティー・エス)

[P.058-061]
Hatase, H., Takai, N., Matsuzawa, Y., Sakamoto, W., Omuta, K., Goto, K., ... & Fujiwara, T. (2002). Size-related differences in feeding habitat use of adult female loggerhead turtles *Caretta caretta* around Japan determined by stable isotope analyses and satellite telemetry. *Marine Ecology Progress Series*, 233, 273-281.

Hatase, H., Matsuzawa, Y., Sato, K., Bando, T., & Goto, K. (2004). Remigration and growth of loggerhead turtles (*Caretta caretta*) nesting on Senri Beach in Minabe, Japan: life-history polymorphism in a sea turtle population. *Marine Biology*, 144, 807-811.

〈こちらの書籍もおすすめ〉畑瀬英男(2016):『竜宮城は二つあった: ウミガメの回遊行動と生活史の多型』(東海大学出版部)

[P.062-065]
Fernández Castro, B., Peña, M., Nogueira, E., Gilcoto, M., Broullón, E., Comesaña, A., ... & Mouriño-Carballido, B. (2022). Intense upper ocean mixing due to large aggregations of spawning fish. *Nature Geoscience*, 15, 287-292.

[P.066-069]
Garland, E. C., Goldizen, A. W., Rekdahl, M. L., Constantine, R., Garrigue, C., Hauser, N. D., ... & Noad, M. J. (2011). Dynamic horizontal cultural transmission of humpback whale song at the ocean basin scale. *Current biology*, 21, 687-691.

Schulze, J. N., Denkinger, J., Oña, J., Poole, M. M., & Garland, E. C. (2022). Humpback whale song revolutions continue to spread from the central into the eastern South Pacific. *Royal Society Open Science*, 9, 220158.

[P.070]
Madsen, P. T., Siebert, U., & Elemans, C. P. (2023). Toothed whales use distinct vocal registers for echolocation and communication. *Science*, 379, 928-933.

Elemans, C. P., Jiang, W., Jensen, M. H., Pichler, H., Mussman, B. R., Nattestad, J., ... & Fitch, W. T. (2024). Evolutionary novelties underlie sound production in baleen whales. *Nature*, 627, 123-129.

▶ 3章

[P.072-075]
Eliason, E. J., Clark, T. D., Hague, M. J., Hanson, L. M., Gallagher, Z. S., Jeffries, K. M., ... & Farrell, A. P. (2011). Differences in thermal tolerance among sockeye salmon populations. *Science*, 332, 109-112.

[P.076-079]
Landry Yuan, F., Ito, S., Tsang, T. P., Kuriyama, T., Yamasaki, K., Bonebrake, T. C., & Hasegawa, M. (2021). Predator presence and recent climatic warming raise body temperatures of island lizards. *Ecology Letters*, 24, 533-542.

[P.080-083]
Ishikawa, A., Kabeya, N., Ikeya, K., Kakioka, R., Cech, J. N., Osada, N., ... & Kitano, J. (2019). A key metabolic gene for recurrent freshwater colonization and radiation in fishes. *Science*, 364, 886-889.

[P.084-087]
Morii, Y., Prozorova, L., & Chiba, S. (2016). Parallel evolution of passive and active defence in land snails. *Scientific reports*, 6, 35600.

[P.088-091]
Kojima, W., Nakakura, T., Fukuda, A., Lin, C. P., Harada, M., Hashimoto, Y., ... & Yamamoto, R. (2020). Latitudinal cline of larval growth rate and its proximate mechanisms in a rhinoceros beetle. *Functional Ecology*, 34, 1577-1588.

Adachi, H., Ozawa, M., Yagi, S., Seita, M., & Kondo, S. (2021). Pivot burrowing of scarab beetle (*Trypoxylus dichotomus*) larva. *Scientific Reports*, 11, 14594.

Matsuda, K., Gotoh, H., Tajika, Y., Sushida, T., Aonuma, H., Niimi, T., ... & Kondo, S. (2017). Complex furrows in a 2D epithelial sheet code the 3D structure of a beetle horn. *Scientific reports*, 7, 13939.

〈こちらの書籍もおすすめ〉小島渉(2023):『カブトムシの謎をとく』ちくまプリマー新書434(筑摩書房)

[P.092]
Yamamoto, T., Kohno, H., Mizutani, A., Yoda, K., Matsumoto, S., Kawabe, R., ... & Takahashi, A. (2016). Geographical variation in body size of a pelagic seabird, the streaked shearwater *Calonectris leucomelas*. *Journal of Biogeography*, 43, 801-808.

Matsumura, K., & Miyatake, T. (2023). Latitudinal cline of death-feigning behaviour in a beetle (*Tribolium castaneum*). *Biology Letters*, 19, 20230028.

▶ 4 章

[P.094-097]
Madsen, A. E., Lyon, B. E., Chaine, A. S., Block, T. A., & Shizuka, D. (2023). Loss of flockmates weakens winter site fidelity in golden-crowned sparrows (*Zonotrichia atricapilla*). *Proceedings of the National Academy of Sciences*, 120, e2219939120.

[P.098-101]
Yoshikawa, A., Izumi, T., Moritaki, T., Kimura, T., & Yanagi, K. (2022). Carcinoecium-forming sea anemone *Stylobates calcifer* sp. nov.(Cnidaria, Actiniaria, Actiniidae) from the Japanese deep-sea floor: a taxonomical description with its ecological observations. *The Biological Bulletin*, 242, 127-152.

[P.102-105]
Sayigh, L. S., El Haddad, N., Tyack, P. L., Janik, V. M., Wells, R. S., & Jensen, F. H. (2023). Bottlenose dolphin mothers modify signature whistles in the presence of their own calves. *Proceedings of the National Academy of Sciences*, 120, e2300262120.

[P.106-109]
Yokoi, S., Okuyama, T., Kamei, Y., Naruse, K., Taniguchi, Y., Ansai, S., ... & Takeuchi, H. (2015). An essential role of the arginine vasotocin system in mate-guarding behaviors in triadic relationships of medaka fish (*Oryzias latipes*). *PLoS Genetics*, 11, e1005009.

Okuyama, T., Yokoi, S., Abe, H., Isoe, Y., Suehiro, Y., Imada, H., ... & Takeuchi, H. (2014). A neural mechanism underlying mating preferences for familiar individuals in medaka fish. *Science*, 343, 91-94.

Yokoi, S., Ansai, S., Kinoshita, M., Naruse, K., Kamei, Y., Young, L. J., ... & Takeuchi, H. (2016). Mate-guarding behavior enhances male reproductive success via familiarization with mating partners in medaka fish. *Frontiers in Zoology*, 13, 1-10.

Wang, M. Y., & Takeuchi, H. (2017). Individual recognition and the 'face inversion effect'in medaka fish (*Oryzias latipes*). *Elife*, 6, e24728.

[P.110-113]
Hosokawa, T., Hironaka, M., Mukai, H., Inadomi, K., Suzuki, N., & Fukatsu, T. (2012). Mothers never miss the moment: a fine-tuned mechanism for vertical symbiont transmission in a subsocial insect. *Animal Behaviour*, 83, 293-300.

〈こちらの書籍もおすすめ〉細川貴弘(2017):『カメムシの母が子に伝える共生細菌―必須相利共生の多様性と進化―』(共立出版)

[P.114-117]
Surbeck, M., Mundry, R., & Hohmann, G. (2011). Mothers matter! Maternal support, dominance status and mating success in male bonobos (*Pan paniscus*). *Proceedings of the Royal Society B: Biological Sciences*, 278, 590-598.

Surbeck, M., Boesch, C., Crockford, C., Thompson, M. E., Furuichi, T., Fruth, B., ... & Langergraber, K. (2019). Males with a mother living in their group have higher paternity success in bonobos but not chimpanzees. *Current Biology*, 29, R354-R355.

〈こちらの書籍もおすすめ〉坂巻哲也(2021):『隣のボノボ　集団どうしが出会うとき』(京都大学学術出版会)

[P.118-121]
Iwata, Y., Sato, N., Hirohashi, N., Kasugai, T., Watanabe, Y., & Fujiwara, E. (2019). How female squid inseminate their eggs with stored sperm. *Current Biology*, 29, R48-R49.

Sato, N., Kasugai, T., & Munehara, H. (2013). Sperm transfer or spermatangia removal: postcopulatory behaviour of picking up spermatangium by female Japanese pygmy squid. *Marine Biology*, 160, 553-561.

Sato, N., Yoshida, M. A., Fujiwara, E., & Kasugai, T. (2013). High-speed camera observations of copulatory behaviour in Idiosepius paradoxus: function of the dimorphic hectocotyli. *Journal of Molluscan Studies*, 79, 183-186.

〈こちらの書籍もおすすめ〉佐藤成祥(2024):『密かにヒメイカ　最小イカが教える恋と墨の秘密』(京都大学学術出版会)

[P.122-125]
Spottiswoode, C. N., Begg, K. S., & Begg, C. M. (2016). Reciprocal signaling in honeyguide-human mutualism. *Science*, 353, 387-389.

[P.126-127]
Van der Wal, J. E., Spottiswoode, C. N., Uomini, N. T., Cantor, M., Daura-Jorge, F. G., Afan, A. I., ... & Cram, D. L. (2022). Safeguarding human-wildlife

cooperation. *Conservation letters*, 15, e12886.

▶ 5 章

[P.130-135]
Watanabe, Y. Y., Baranov, E. A., & Miyazaki, N. (2020). Ultrahigh foraging rates of Baikal seals make tiny endemic amphipods profitable in Lake Baikal. *Proceedings of the National Academy of Sciences*, 117, 31242-31248.

Ishihara, U., Miyazaki, N., Yurkowski, D. J., & Watanabe, Y. Y. (2024). Multi-cusped postcanine teeth are associated with zooplankton feeding in phocid seals. *Marine Ecology Progress Series*, 729, 233-245.

[P.136-139]
Yamaguchi, Y., Ugajin, A., Utagawa, S., Nishimura, M., Hattori, M., & Ono, M. (2018). Double-edged heat: honeybee participation in a hot defensive bee ball reduces life expectancy with an increased likelihood of engaging in future defense. *Behavioral Ecology and Sociobiology*, 72, 1-8.

Ono, M., Igarashi, T., Ohno, E., & Sasaki, M. (1995). Unusual thermal defence by a honeybee against mass attack by hornets. *Nature*, 377, 334-336.

Sugahara, M., Nishimura, Y., & Sakamoto, F. (2012). Differences in heat sensitivity between Japanese honeybees and hornets under high carbon dioxide and humidity conditions inside bee balls. *Zoological science*, 29, 30-36.

〈こちらの動画もおすすめ〉JT生命誌研究館「研究員レクチャー　昆虫食性進化研究室　宇賀神 篤　奨励研究員」(Youtube)https://youtu.be/WiemwFQJGvs?si=eIdlt7hIv9HWc90A

[P.140-143]
Shiojiri, K., Takabayashi, J., Yano, S., & Takafuji, A. (2000). Flight response of parasitoids toward plant-herbivore complexes: A comparative study of two parasitoid-herbivore systems on cabbage plants. *Applied Entomology and Zoology*, 35, 87-92.

Shiojiri, K., Takabayashi, J., Yano, S., & Takafuji, A. (2001). Infochemically mediated tritrophic interaction webs on cabbage plants. *Population Ecology*, 43, 23-29.

〈こちらの書籍もおすすめ〉塩尻かおり(2021):『かおりの生態学―葉の香りがつなげる生き物たち―』(共立出版)

[P.144-147]
Wright, T., Davis, R. W., Pearson, H. C., Murray, M., & Sheffield-Moore, M. (2021). Skeletal muscle thermogenesis enables aquatic life in the smallest marine mammal. *Science*, 373, 223-225.

[P.148-153]
Royer, M., Meyer, C., Royer, J., Maloney, K., Cardona, E., Blandino, C., ... & Holland, K. N. (2023). "Breath holding" as a thermoregulation strategy in the deep-diving scalloped hammerhead shark. *Science*, 380, 651-655.

Nakamura, I., Matsumoto, R., & Sato, K. (2020). Body temperature stability in the whale shark, the world's largest fish. *Journal of Experimental Biology*, 223, jeb210286.

きのしたちひろ

岡山県出身。博士（農学）。専門はウミガメなどの海洋動物の行動生態学、潜水生理学。東京大学大学院農学生命科学研究科卒業後、日本学術振興会特別研究員PDなどを経て、2023年よりイラストレーターとして活動。著書に『生きもの「なんで？」行動ノート』（SBクリエイティブ）があり、『たくさんのふしぎ　なぜ君たちはグルグル回るのか』（2022年、福音館書店）、『タネまく動物』（文一総合出版）のイラストも担当。

イラスト制作協力：宮々青、村上凌太

2025年5月2日　初版第1刷発行
2025年7月1日　　　第3刷発行

著者　きのしたちひろ

発行者　三輪浩之

発行所　株式会社エクスナレッジ
　　　　https://www.xknowledge.co.jp/
　　　　〒106-0032　東京都港区六本木7-2-26

問合せ先
編集　Tel：03-3403-6796／Fax：03-3403-0582
　　　info@xknowledge.co.jp
販売　Tel：03-3403-1321／Fax：03-3403-1829

無断転載の禁止　本書掲載記事（本文、写真等）を当社および著作権者の許諾なしに無断で転載（翻訳、複写、データベースへの入力、インターネットでの掲載等）することを禁じます。